智能医疗与应用

徐文峰　廖晓玲　覃　浪　等编著

北　京

冶金工业出版社

2023

内 容 提 要

本书共5章，第1章从智能医疗政策导向、发展现状及软件在智能医疗中的应用案例说明当前智能医疗的产业化革命的现实；第2章对CMOS与CCD图像传感器及RAW数据格式进行了描述，通过案例分析了图像分析在智能内窥镜中的具体应用研究；第3章以医疗诊断图像的深度学习为基础，阐述人工智能在医疗行业中的演变与应用；第4章以医院信息化系统为基础，提出了HIS系统优化设计方案；第5章以远程医疗系统为基础，构建了现代远程医疗的建设框架。

本书可供从事材料、机械、电子、生物医学等生产的技术人员及其他涉及智能医疗领域的研究人员阅读参考，也可作为高等院校材料类、机械类、电子信息类、生物医药类等专业的本科、职业技术类学生的智能科技类教材。

图书在版编目(CIP)数据

智能医疗与应用/徐文峰等编著．—北京：冶金工业出版社，2019.1
（2023.7重印）

ISBN 978-7-5024-7918-3

Ⅰ.①智⋯　Ⅱ.①徐⋯　Ⅲ.①数字技术—应用—医疗器械　Ⅳ.①TH77-39

中国版本图书馆CIP数据核字（2018）第237636号

智能医疗与应用

出版发行	冶金工业出版社	**电　话**	（010）64027926	
地　址	北京市东城区嵩祝院北巷39号	**邮　编**	100009	
网　址	www.mip1953.com	**电子信箱**	service@mip1953.com	

责任编辑　张熙莹　美术编辑　彭子赫　版式设计　禹　蕊
责任校对　郑　娟　责任印制　窦　唯
北京建宏印刷有限公司印刷
2019年1月第1版，2023年7月第2次印刷
710mm×1000mm　1/16；6印张；115千字；88页
定价32.00元

投稿电话　（010）64027932　投稿信箱　tougao@cnmip.com.cn
营销中心电话　（010）64044283
冶金工业出版社天猫旗舰店　yjgycbs.tmall.com
（本书如有印装质量问题，本社营销中心负责退换）

前　　言

医疗直接关系到人类的健康。在大数据时代，怎样更好地开展智能医疗，是一个重要的前沿课题，也关系到我国实现世界科技强国的战略目标。目前，无论从医疗健康行业自身发展的现实需求来看，还是从人工智能技术本身的特点来看，将人工智能技术应用于医疗健康行业都是大势所趋，为各国竞相发展的投资热点。我国人口众多，急需通过人工智能改变医疗模式，提高医疗服务效率与服务质量。因此，急需与智能医疗应用研究相关的图书来培养与时俱进的创新型、应用型复合人才，以适应人工智能的历史性变革。

作者根据多年的实践经验和体会，在参考国内外智能医疗相关资料及关注近年来研究动态的基础上，与从事现代医疗相关工作的科技人员一起编写了本书。将现代人工智能新技术、新思路与实践相结合，可使读者了解智能医疗行业最新的发展动态。本书可供相关专业的工程技术人员参考，也可作为高等院校材料类、机械类、电子信息类、生物医药类等专业的学生教材。

本书是由廖晓玲教授组织策划，并与徐文峰教授、重庆金山科技（集团）有限公司覃浪高级工程师统筹编写，重庆科技学院钱煦实验班同学具体实施完成的。本书在项目实施和编写出版过程中，得到了重庆天海医疗设备有限公司、重庆金山科技（集团）有限公司董事长以及研究人员的指导与帮助，同时也得到国家自然科学基金重点项目（编号：11532004）、重庆市科委自然科学基金项目

（编号：CSTC2015JCYJBX0003、CSTC2018JCYJAX0286）、纳微智能材料重庆高校创新团队（编号：CXTDX201601032）、材料科学与工程重庆市高校重点学科建设项目以及纳微生物医学检测重庆市工程实验室的大力支持，在此表示衷心的感谢！

由于作者水平所限，书中不足之处，敬请读者批评指正。

作　者
2018 年 10 月

目　　录

1 智能医疗的发展及应用

1.1 智能医疗的定义

医疗关系到人类的健康。在大数据时代，怎样更好地开展智能医疗，是一个重要的前沿课题，也关系到我国实现世界科技强国的战略目标。所谓智能医疗，就是用人工智能的方法提高医疗服务的能力。智能医疗也被解读为通过打造健康档案区域医疗信息平台，利用最先进的物联网技术，实现患者与医务人员、医疗机构、医疗设备之间的互动，逐步达到信息化。在不久的将来，医疗行业将融入更多人工智慧、传感技术等高科技，使医疗服务走向真正意义的智能化，推动医疗事业的繁荣发展。在中国新医改的大背景下，智能医疗也正在走进、改变寻常百姓的生活。

无论从医疗健康行业自身发展的现实需求来看，还是从人工智能技术本身的特点来看，将人工智能技术应用于医疗健康行业都是大势所趋，智能医疗是医疗健康行业未来发展的必然方向。从国际上观察，美国的科技巨头和资本巨头（IBM、谷歌、微软、亚马逊、脸书、苹果等）都在积极布局智能医疗产业，大批专注细分领域的初创公司也蓄势待发。智能医疗已成为科技界和金融界共同的热点话题，智能医疗时代即将全面开启。据全球知名产业、市场分析及技术分析专家 Frost&Sullivan 公司发布的市场调查数据显示，到 2021 年，智能医疗的收入将从 2014 年的 6 亿美元升至 60 亿美元，年均复合增长率将达到40%。人工智能已是投资热点，"人工智能+医疗健康"这一题材更是热点中的热点。

人工智能和医疗的结合方式非常多，从就医流程来看，有针对诊前、诊中、诊后的各阶段应用；从应用对象来看，有针对患者、医生、医院、药企等多角色应用；从业务类型来看，有增效、减成本等多种模式。从具体业务模式细分，包括虚拟助手、疾病诊断和预测、医学影像、病历/文献分析、医院管理、人工智能+器械、新药研发、健康管理、基因九个主要的方向。

目前，智能医疗作为新兴领域，潜力巨大。IBM、谷歌这些巨头也都是近三四年才入门，还有大量市场空间留给中小公司。同时，尽管美国在人工智能的基础研究领域一直处于前沿地位，但是近两年来，中国的人工智能科技人才正在实现弯道超车。根据美国发布的《国家人工智能研究与发展策略规划》中显示，从 2013 年到 2015 年，SCI 收录的人工智能方向论文，涉及"深度学习"的论文数量增长了约 6 倍，中国学者的论文发表数量从 2014 年开始超过美国，并大幅度领先于其他国家。全球职业社交网站领英（LinkedIn）发布的《全球 AI 领域人才报告》提出，中国人工智能领域专业技术人才总数已超过 5 万人，排名全球第七位。

人工智能可以促进我国健康产业发展，也可以促进我国经济转型。智能医疗为应对老龄化、慢病、生育障碍以及健康管理、优生优育、精准诊疗的需求提供了可能的解决方案。我国有望通过人工智能改变医疗模式，通过可穿戴设备、信息平台、现代传感技术、模拟化、大数据挖掘，研制一批人工智能设备、产品，培育一批大型骨干企业。

1.2　智能医疗相关的政府决策导向

1.2.1　国家层面的政策导向

2016 年 1 月 29 日，科技部、财政部、国家税务总局共同印发了《高新技术企业认定管理办法》，并一同发布了《国家重点支持的高新技术领域》，医学影像诊断技术属于其中重点支持领域，包括：临床诊断的新型数字成像技术，新型病理图像识别与分析技术，新型医学影像立体显示关键技术等。

2016 年 5 月 18 日，国家发展改革委员会发布了《"互联网+"人工智能三年行动实施方案》，方案提出："建设支撑超大规模深度学习的新型计算集群，进一步推进计算机视觉、智能语音处理、生物特征识别、自然语言理解、智能决策控制以及新型人机交互等关键技术的研发和产业化，为产业智能化升级夯实基础。"

2016 年 5 月 20 日，中共中央、国务院印发了《国家创新驱动发展战略纲要》，纲要指出："开发数字化医疗、远程医疗技术，推进预防、医疗、康复、保健、养老等社会服务网络化、定制化，发展一体化健康服务新模式，显著提高人口健康保障能力，有力支撑健康中国建设，是其中重要战略任务。"

2016 年 6 月，国务院办公厅发布了《关于促进和规范健康医疗大数据应用发展的指导意见》，明确指出："健康医疗大数据是国家重要的基础性战略资源，需要规范和推动健康医疗大数据融合共享、开放应用。积极鼓励社会力量加强健康医疗海量数据存储清洗、分析挖掘、安全隐私保护等关键技术攻关。"

2016 年 8 月 8 日，国务院印发了《"十三五"国家科技创新规划》，"专栏 5 新一代信息技术领域"中的人工智能方向指出：重点发展大数据驱动的类人智能技术方法等。"专栏 14　人口健康技术领域"中的数字诊疗装备方向指出：复合窥镜成像、新型显微成像是其重点发展方向之一；健康服务技术方向指出：建立基于信息共享、知识集成、多学科协同的集成式、连续性疾病诊疗和健康管理服务模式，推进"互联网+"健康医疗科技示范行动，实现优化资源配置、改善就医模式和强化健康促进的目标。

2016 年 10 月 25 日，中共中央、国务院印发了《"健康中国 2030"规划纲要》，发展健康产业、优化多元办医格局、发展健康服务新业、促进医药产业发展、推动健康科技创新、建设健康信息化服务体系均是其中重要章节。

2016 年 11 月 29 日，国务院印发了《"十三五"国家战略性新兴产业发展规划》，"互联网+"工程、大数据发展工程、人工智能创新工程、生物技术惠民工程均被列入重点专栏。

2017 年 5 月 26 日，科技部办公厅印发了《"十三五"医疗器械科技创新专项规划》，"专栏 1　前沿和颠覆性技术重点发展方向"中指出："加强生物医学图像的获取、分析与处理技术的基础研究，加快发展 CT、MRI、新型正电子探测、高分辨激光成像、多模态分子影像、分子病理显微成像、新型医学声光电磁动态成像等新技术。"

2017 年 7 月 20 日，国务院印发了《新一代人工智能发展规划》（国发〔2017〕35 号），在"建设安全便捷的智能社会"章节中提道："推广应用人工智能治疗新模式新手段，建立快速精准的智能医疗体系，……。实现智能影像识别、病理分型和智能多学科会诊"。

此外，《国家"十三五"生物产业发展规划》《信息化和工业化融合发展规划（2016~2020 年）》《国务院办公厅关于推进分级诊断制度建设的指导意见》《医学影像诊断中心基本标准和管理规范（试行）》《关于医学影像诊断中心等独立设置医疗机构基本标准和管理规范解读》均对智能医疗涉及的产业有所提及。同时，中国生物医学工程学会专门设立了医学人工智能分会。

1.2.2　地方政府层面的政策导向

以重庆市政府为例，2016 年 1 月，习近平总书记视察重庆时，对重庆提出"两点""两地"定位和"四个扎实"要求，市长唐良智在 2018 年全国"两会"重庆代表团全体会议上明确指出"把重庆建设为全国大数据智能化发展和应用示范基地是落实党的十九大报告和习近平总书记讲话精神的重要举措，对于加快推动高质量发展具有重要的战略意义。"

2016 年 11 月 3 日，重庆市人民政府印发《重庆市科技创新"十三五"规划》。"专栏 4　新一代信息技术领域"中列入了智能医疗方向；"专栏 5　大健康技术领域"指出："示范应用一批'互联网+医疗服务'模式。"此外，《重庆市医药产业振兴发展中长期规划（2012~2020 年）》《重庆市深化体制机制改革加快实施创新驱动发展战略行动计划（2015~2020 年）》均对智能医疗涉及的产业有所提及。

渝府办发〔2016〕264号，重庆市人民政府办公厅《关于印发重庆市健康医疗大数据应用发展行动方案（2016~2020年）的通知》中明确提出：到2020年，全面建成健康医疗大数据平台体系与支撑体系，形成健康医疗大数据共享与开放机制，实现与自然人、法人、空间地理等基础数据资源的跨部门、跨区域共享，推动健康医疗大数据融合应用、创新发展，建立健康医疗大数据相关规章制度、应用标准体系、安全保障机制，形成健康医疗大数据产业体系，催生健康医疗新业态、新模式，建成国内领先的健康医疗大数据应用示范城市。重点提出：到2020年，打造2~3个健康医疗大数据产业示范园区，引进和培育5家核心龙头企业、100家健康医疗大数据应用和服务企业，引进和培养500名健康医疗大数据产业中高端人才，促进智能硬件、家庭健康服务、基因测序、商业医疗保险等产业落地，构成重庆市健康医疗大数据新兴业态，建成国内重要的健康医疗大数据产业基地。

《重庆市以大数据智能化为引领的创新驱动发展战略行动计划（2018~2020年）》提出：要通过智能产业培育、智能改造提升、大数据智能化广泛应用"三位一体"，提升产业发展水平、服务民生水平和社会治理水平。重点围绕智能医疗等12个重点产业，推动智能技术转化应用和产品创新，培育国内领先的智能产业龙头企业，建设两江新区国家级数字经济示范区、西永智能制造示范区等一批智能园区，促进技术集成与商业模式创新，打造具有竞争力的智能产业集群。

2018年1月26日，重庆市召开五届人大一次会议，唐良智作政府工作报告。报告称，为实现今后五年的工作目标，重庆将打好"三大攻坚战"，实施"八项行动计划"，努力使人民群众的获得感、幸福感、安全感更加充实、更有保障、更可持续。报告中表示，要全面贯彻中央决策部署，按照市委五届三次全会要求，实施以大数据智能化为引领的创新驱动发展战略行动计划等"八项行动计划"。

2018年6月5日，重庆市卫计委发布《重庆市"智慧医院"示范建设实施方案（试行）》通知，在全市范围内开展"智慧医院"示范建设工作。到2020年，完成40家"智慧医院"示范建设，其中2018年试点建设10家，2019年全面推开建设15家，2020年继续建设15家。目前，首批试点医院申报已展开。通知要求在2020~2030年，实现互联网、物联网、大数据、人工智能进一步与医疗健康服务深度融合，感知标识、认知计算、人机协同、智能监测、精准医疗等先进技术与智慧医院建设协调发展、深入应用。

2018年8月9日，重庆市市长唐良智一行赴重庆金山科技（集团）有限公司调研疾病诊断智能化。重庆市副市长李殿勋、重庆市市政府秘书长欧顺清、市经信委主任陈金山、市科委主任许洪斌、两江新区管委会常务副主任汤宗伟、渝北区委书记段成刚等相关领导陪同调研。唐市长提出："人工智能是当今社会重要的基础性战略资源，不仅代表当前创新技术的新热点、产业发展的新方向，更是加快推动经济社会转型升级的新引擎。胶囊机器人是具有前瞻性的产品和技术，未来发展空间巨大，望金山科技继续推动'人工智能+医疗'产业发展，为保障国民身体健康提供助力。"当前，重庆市在发展智能医疗行业具有良好的技术基础，因此在智能医疗的应用方面有广阔的发展前景。

1.3　智能医疗发展现状

智能医疗结合无线网技术、条码或 RFID、物联网技术、移动计算技术、数据融合技术等，将进一步提升医疗诊疗流程的服务效率和服务质量，提升医院综合管理水平，实现监护工作无线化，全面改变和解决现代化数字医疗模式、智能医疗及健康管理、医院信息系统等的问题和困难，并大幅度提体现医疗资源高度共享，降低公众医疗成本。

通过电子医疗和 RFID 物联网技术能够使大量的医疗监护的工作实施无线化，而远程医疗和自助医疗，信息及时采集和高度共享，可缓解资源短缺、资源分配不均的窘境，降低公众的医疗成本。

智能医疗的发展分为七个层次：一是业务管理系统，包括医院收费和药品管理系统；二是电子病历系统，包括病人信息、影像信息；三是临床应用系统，包括计算机医生医嘱录入系统（CPOE）等；四是慢性疾病管理系统；五是区域医疗信息交换系统；六是临床支持决策系统；七是公共健康卫生系统。总体来说，中国处在第一、二阶段向第三阶段发展的时期，还没有建立真正意义上的 CPOE，主要是缺乏有效数据，数据标准不统一，加上供应商欠缺临床背景，在从标准转向实际应用方面也缺乏标准指引。中国要想从第二阶段进入到第五阶段，涉及许多行业标准和数据交换标准的形成，这也是未来需要改善的方面。

在远程智能医疗方面，国内发展比较快，比较先进的医院在移动信息化应用方面其实已经走到了前面。比如，可实现病历信息、病人信息、病情信息等的实时记录、传输与处理利用，使得在医院内部和医院之间通过联网，实时、有效地共享相关信息，这一点对于实现远程医疗、专家会诊、医院转诊等可以起到很好的支撑作用，这主要源于政策层面的推进和技术层的支持。但目前欠缺的是长期运作模式，缺乏规模化、集群化的产业发展，此外还面临成本高昂、安全性及隐私问题等，这刺激了未来智能医疗的快速发展。

1.4 软件在智能医疗中的重要作用

1.4.1 软件的特点及分类

软件（software）是一系列按照特定顺序组织的计算机数据和指令的集合。软件并不只是包括可以在计算机上运行的电脑程序，与这些电脑程序相关的文档一般也被认为是软件的一部分。软件包括以下三个特征：

（1）运行时，能够提供所要求功能和性能的指令或计算机程序集合。

（2）程序能够满意地处理信息的数据结构。

（3）描述程序功能需求以及程序如何操作和使用所要求的文档。

软件以开发语言作为描述语言，可以认为：软件=程序+数据+文档。软件和硬件的区别见表 1-1。

表 1-1   硬件与软件的对比

对比特征	硬　件	软　件
存在形式	物理实体	逻辑关系
升级周期	变更周期长	变更容易、快速
损坏形式	磨损	退化
质量决定因素	质量取决于设计开发和生产	取决于设计开发，与生产基本无关
失效形式	失效先有征兆	无征兆失效，失效率远比硬件高
组件标准化	组件可以标准化	组件标准化较复杂
变更的影响	细微变更对硬件影响有限	微小变更可能有严重影响
质量控制	可以依靠检验来控制质量	软件测试不足以保证质量

按应用范围划分，软件一般被划分为系统软件、应用软件和介于这两者之间的中间件。

（1）系统软件。系统软件为计算机使用提供最基本的功能，可分为操作系统和系统软件，其中操作系统是最基本的软件。系统软件是负责管理计算机系统中各种独立的硬件，使得它们可以协调工作，使得计算机使用者和其他软件将计算机当做一个整体而不需要顾及底层每个硬件是如何工作的。

1）操作系统是一管理计算机硬件与软件资源的程序，同时也是计算机系统的内核与基石。操作系统身负诸如管理与配置内存、决定系统资源供需的优先次序、控制输入与输出设备、操作网络与管理文件系统等基本事务。同时，也提供一个让使用者与系统交互的操作接口。

2）系统软件是支撑各种软件的开发与维护的软件，又称为软件开发环境（SDE）。它主要包括环境数据库、各种接口软件和工具组（比如编译器、数据库管理、存储器格式化、文件系统管理、用户身份验证、驱动管理、网络连接等方面的工具）。著名的软件开发环境有 IBM 公司的 Web Sphere，微软公司的 Studio. NET 等。

（2）应用软件。系统软件并不针对某一特定应用领域，而应用软件则相反，不同的应用软件根据用户和所服务的领域提供不同的功能。应用软件是为了某种特定的用途而被开发的软件，它可以是一个特定的程序，比如一个图像浏览器；可以是一组功能联系紧密，可以互相协作的程序的集合，比如微软的 Office 软件；也可以是一个由众多独立程序组成的庞大的软件系统，比如数据库管理系统。

如今智能手机得到了极大的普及，运行在手机上的应用软件简称手机软件。所谓手机软件就是可以安装在手机上的软件，完善原始系统的不足与个性化。随着科技的发展，手机的功能也越来越多，越来越强大。不像过去那么简单死板，发展到了可以和掌上电脑相媲美。手机软件与电脑一样，下载手机软件时要考虑这款手机所安装的系统再来决定下载相对应的软件。手机主流系统有以下几种：Windows Phone、Symbian、iOS、Android。

1.4.2 软件重要性及标志性案例

软件越来越影响并改变我们的产业结构及生活方式，具有重要的发展意义。但是，软件的缺陷与生俱来，不可避免、无法根除，目前也没有任何技术能保证软件 100% 的质量。以下用案例形式，描述软件的重要作用及缺陷。

1.4.2.1 案例 1：Ariane 5 火箭

1996 年 6 月 4 日，Ariane 5 火箭在法属圭亚那库鲁航天中心首次发射。火箭在发射 37s 之后偏离其飞行路径并突然发生爆炸，与 Ariane5 火箭一同化为灰烬的还有 4 颗太阳风观察卫星。这是世界航天史上的一大悲剧，也是历史上损失最惨重的软件故障事件。

事后的调查显示，控制惯性导航系统的计算机向控制引擎喷嘴的计算机发送了一个无效数据，其原因在于将一个 64 位浮点数转换成 16 位有符号整数时产生了溢出。这个溢出值测量的是火箭的水平速率，开发人员在设计 Ariane 4 火箭的软件时，认真分析了火箭的水平速率，确定其值绝不会超出一个 16 位的数。而 Ariane 5 火箭比 Ariane 4 的速度高出近 5 倍，显然会超出一个 16 位数的范围。不幸的是，开发人员在设计 Ariane 5 火箭时只是简单地重用了这部分程序，并没有检查它所基于的假设。

1.4.2.2 案例 2：Therac 25 放射治疗仪

Therac 系列仪器是由加拿大原子能有限公司（AECL）和法国设备租赁总公

司（CGL）联合制造的一种医用高能电子线性加速器，用来杀死病变组织癌细胞，同时使其对周围健康组织影响尽可能降低，Therac 25 属于第三代医用高能电子线性加速器。20 世纪 80 年代中期，Therac 25 放射治疗仪在美国和加拿大发生了多次医疗事故，5 名患者治疗后死亡，其余患者则受到了超剂量辐射而严重灼伤。

Therac 25 放射治疗仪的事故是由操作员失误和软件缺陷共同造成的。当操作员输入错误而马上纠正时，系统显示错误信息，操作员不得不重新启动机器。在启动机器时，计算机软件并没有切断 X 射线光束，病人一直在治疗台上接受着过量的 X 射线照射，最终使辐射剂量达到饱和的 250Gy，而对人体而言，辐射剂量达到 10Gy 就已经是致命的。

1.4.2.3　案例 3：爱国者导弹

1991 年 2 月 25 日第一次海湾战争期间，在沙特阿拉伯的美国爱国者导弹系统没能成功拦截飞入伊拉克境内的飞毛腿导弹，该飞毛腿导弹击中了该地的一个美军军营并导致 28 个士兵阵亡。

事后的政府调查发现这次拦截失败的原因在于导弹系统时钟内的一个软件错误。该系统预测一个飞毛腿导弹下一次将会在哪里出现是通过一个函数来实现的，该函数接受两个参数，即飞毛腿导弹的速度和雷达在上一次侦测到该导弹的时间，其中时间是基于系统时钟时间乘以 1/10 所得到的秒数进行表示。我们知道，计算机中的数字是以二进制形式来表示的，十进制的 1/10 用二进制来表示就会产生一个微小的精度误差。当时该爱国者导弹系统的电池已经启动了 100h，系统最终导致的时间偏差达到了 0.34s 之多。一个飞毛腿导弹飞行的速度大概是 1676m/s，因此在 0.34s 的误差时间内针对飞毛腿导弹就会产生超过 0.5km 的误差，这个距离显然无法准确地拦截正在飞来的飞毛腿导弹。

具有讽刺意味的是，这个时间误差导致的问题在代码的某些部分是有进行修复的，也就是说有人已经意识到这个错误，但问题在于当时并没有把相关的所有问题代码进行修复，这个时间精度的问题依然存在该系统之中。

1.4.2.4　案例 4：东京证券交易所

2005 年 11 月 1 日，日本东京证券交易所股票交易系统发生大规模系统故障，导致所有股票交易全面告停，造成了巨大的损失。故障原因是当年 10 月为增强系统处理能力而更新的交易程存在缺陷，由于系统升级造成文件不兼容，从而影响交易系统的使用。

1.4.2.5　案例 5：12306 火车票网上订票系统

国内 12306 铁道部火车票网上订票系统历时两年研发成功，耗资 3 亿元人民币，于 2011 年 6 月 12 日投入运行。2012 年 1 月 8 日春运启动，9 日网站点击量超过 14 亿次，系统出现网站崩溃、登录缓慢、无法支付、扣钱不出票等严重问题。2012 年 9 月 20 日，由于正处中秋和"十一"黄金周，网站日点击量达到 14.9 亿次，发售客票超过当年春运最高值，再次出现网络拥堵、重复排队等现象。其故障的根本原因在于系统架构规划以及客票发放机制存在缺陷，无法支持如此大并发量的交易。

2014 年春运火车票发售期间，由于网站对身份证信息缺乏审核，用虚假的身份证号可直接购票，黄牛利用该漏洞倒票。另外，在线售票网站还曝出大规模串号、购票日期"穿越"等漏洞。

1.4.3 软件在医疗器械中的意义

医疗器械是指直接或者间接用于人体的仪器、设备、器具、体外诊断试剂及校准物、材料以及其他类似或者相关的物品，包括所需要的计算机软件。在传统的意义里，医疗器械都是实体的，看得见，摸得着；而医疗器械软件是信息管理系统，是一门兼容医学、信息管理及计算机等学科交叉的学科。根据美国食品药品监督管理局（Food and Drug Administration，FDA）对生物医学软件的描述，生物医学软件是指包含一个或多个软件组件、部件、附件或仅由软件组成的与医疗相关器械，包括基于软件控制的医疗器械、专用的医疗器械软件以及包含软件或部分医疗器械软件的附件等。

根据《医疗器械软件申报基本要求》，生物医学软件的预期用途为用于生物医学（医疗器械）而开发的软件。生物医学软件分为四类：

（1）处理型独立软件，如 PACS 系统；

（2）数据型独立软件，如 HOLTER；

（3）嵌入式软件，如心电图、脑电波；

（4）控制型软件，如 MRI、CT。

根据 FDA 发布的消息统计，1999～2005 年期间软件导致的医疗器械产品故障统计见表 1-2 和图 1-1、图 1-2。美国血库软件管理系统因为软件失效导致多人感染 AIDS，Therac-25 产品因为直线加速器软件失效导致多人死亡，美国 41% 起搏器的召回与软件缺陷有关。可见，医疗软件规范在现代医疗器械中占有重要作用。2017 年 1 月 24 日，我国国家食品药品监督管理总局发布了《医疗器械网络安全注册技术审查指导原则》，对医疗器械软件的监管进一步加强。随着医疗器械软件产品越来越普及，器械软件的安全和监管越来越受到监管部门的重视，相应的法规文件也在不断地完善之中。

表 1-2　1999~2005 年期间软件导致的医疗器械产品故障统计

年　份	1999 年	2000 年	2001 年	2002 年	2003 年	2004 年	2005 年	总计
医疗器械召回总数/件	498	460	593	674	525	468	553	3771
含软件器械的召回数/件	118	123	179	185	161	222	273	1261
软件故障导致召回/件	51	27	57	60	69	68	93	425
软件故障导致的召回占总数比例/%	10.2	5.9	9.6	8.9	13.1	14.5	16.8	11.3
软件故障导致的召回占含软件器械召回数比例/%	43.2	22.0	31.8	32.4	42.9	30.6	34.1	33.7

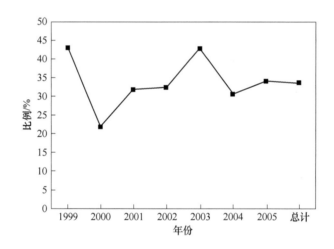

图 1-1　软件失效召回占含软件产品召回的比例

1.4.4　计算机辅助诊断

1.4.4.1　概述

计算机辅助诊断（computer aided diagnosis，CAD）是指通过影像学、医学图像处理技术以及其他可能的生理、生化手段，结合计算机的分析计算，辅助发现病灶，提高诊断的准确率。在临床医学中，所谓"诊"就是采集一组人体有关病理信息指标，而"断"则是根据实际指标与典型指标之间的模式识别下的逻辑判断。诊断结论应由各级临床医生做出，并负有相应的医疗责任。计算机辅助诊断系统是计算机网络技术与图像处理技术在临床医学中高度结合的产物，它将

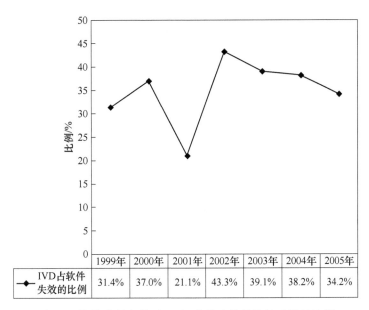

	1999年	2000年	2001年	2002年	2003年	2004年	2005年
IVD占软件 失效的比例	31.4%	37.0%	21.1%	43.3%	39.1%	38.2%	34.2%

图 1-2 体外诊断产品（IVD）产品占软件失效召回的比例

医学图像资料转化为计算机能够识别的数字信息，通过计算机和网络通信设备对医学图像资料（图形和文字）进行采集、存储、处理及重构等，使医学图像资源发挥最大功用。

计算机辅助诊断系统的意义不只是在数字化，而更重要的是社会效益、经济效益以及为病人带来的切实的益处，主要有如下 7 点：

（1）疏通工作流程从而提高设备利用率和工作效率；

（2）省去与胶片相关的费用来降低成本；

（3）减少重拍的概率；

（4）更新技术来提高竞争力；

（5）提高服务质量、诊断符合率；

（6）健全病人资料的自动化管理；

（7）减少病人医疗费用，缩短诊断时间，使病人得到更快的治疗。

计算机辅助诊断技术的基本原理是用计算机模拟临床医生的医疗经验，归纳出相应的病理指标和算法体系，并编制相应的程序在计算机上运行，采取人机对话的方式，对具体的病例做出诊断的结论。通常医学影像学中计算机辅助诊断分为三步：

（1）图像的处理过程（预处理）。其目的是把病变从正常结构中提取出来。在这里图像处理的目的是使计算机易于识别可能存在的病变，让计算机能够从复杂的解剖背景中将病变及可疑结构识别出来。通常此过程先将图像数字化（经过一定的 AD 转换），一般用扫描仪将图像扫描，如果原始图像已经为数字化图像，如 DR、CT、MRI 图像则可省去此步。针对不同的病变，需要采用不同的图像处理和计算方法，基本原则是可以较好地实现图像增强和图像滤过，并达到通过上述设计好的处理过程，计算机得以将可疑病变从正常解剖背景中分离、显示出来。

（2）图像特征的提取（特征提取）或图像特征的量化过程。目的是将第一步提取的病变特征进一步量化，即病变的征象分析量化过程。所分析的征象是指对病变诊断具有价值的影像学表现，如病变的大小、密度、形态特征等。

图像的特征有很多种，相对应的分类也有很多种，如按照特征的表现形式可以分为点特征、线特征和区域特征；按照特征提取的区域大小可分为全局特征和局部特征。无论是哪种表现形式和区域，图形的特征一般主要表现为以下四种：

1）视觉特征。图像的轮廓、形状、边缘、纹理等，这些特征物理意义明确，提取比较容易。

2）统计特征。灰度直方图、图像矩中的均值、方差、峰值等，图像矩特征在图像特征提取中得到了广泛的应用。

3）变换系数特征。图像的各种数学变换系数，如小波变换、傅里叶变换等，图像变换后的系数可以作为图像的特征。

4）代数特征。灰度图像可以表示为矩阵形式，因此可以对其进行各种代数变换，或者做各种矩阵分解，矩阵的奇异值分解也可以作为图像的一种特征。

（3）数据处理过程。将第二步获得的图像征象数据资料输入人工神经元网络等各种数学或统计算法中，形成 CAD 诊断系统，运用诊断系统，可以对病变进行分类处理，进而区分各种病变，即实现疾病的诊断。这一步中常用的方法包括决策树、神经元网络（ANN）、Bayes 网络、规则提取等方法，目前 ANN 应用十分广泛，并取得了较好的效果。

目前，CAD 研究大多局限在乳腺和胸部肺结节性病变，在 CT 虚拟结肠内镜（CTC）、肝脏疾病 CT 诊断、脑肿瘤 MRI 诊断等的 CAD 研究仍很少，而且较不成熟。因而，乳腺及肺结节病变的 CAD 研究基本上可以代表目前 CAD 在医学影像学中的最高水平和现状。国外商业化应用就是集中在这两个领域。1994 年，张伟博士在硅谷创立的 R2 Technology 公司，是全球第一个获 FDA 批准（1997 年）的乳腺癌钼靶计算机辅助诊断系统，累计销售额超十亿美元（后被上巨实业医疗公司（Hologic）收购）。所以，CAD 是人工智能在医疗领域的最早且最具代表性的应用，在乳腺疾病诊断中的应用已经实现了大范围商业化。

1.4.4.2　案例 1：自动乳腺全容积成像技术系统

乳腺癌已成为全球范围内女性最常见的恶性肿瘤，随着乳腺癌的发病率逐年上升及发病年龄年轻化，如何有效地早期发现和诊断成为广大女性所关心的问题。乳腺癌筛查的方式有乳房自检、临床检查（CBE）、超声检查、钼靶 X 射线检查、肿瘤标志物检查以及基因测序诊断等方式。但是，由于个体差异和专业知识的缺乏，乳房自检检出率低，不适宜普查，只是作为女性关注自我健康方式的辅助手段。

目前，钼靶是诊断乳腺癌的主要影像学方法，它在 X 射线上特征性表现为微钙化，但是对于亚洲女性致密型乳腺组织及一些无钙化的乳腺癌，钼靶的诊断敏感性大大降低，这也是由于亚洲女性多为致密性乳腺类型使用钼靶 X 射线检查漏检率过高的原因。超声检查能发现乳腺的肿块并检查腋窝淋巴结的状况，在亚洲女性乳腺检查中应用较为广泛，但其对微钙化或微小的肿瘤不敏感，同时也受操作者手法和经验的影响，主观性比较强。表 1-3 为 2015 年中外癌症数据统计，由表可见，乳腺筛查市场非常巨大，而我国更适合用超声检查，这是区别于国外的情况。据此推理，超声乳腺 CAD 是最符合中国国情的应用，而国际上还没有基于超声的乳腺 CAD。

表 1-3　中外乳腺癌基本情况比较

项　目	中　国	欧　美
乳腺类型	65%为致密性乳腺	多为脂肪型
发病高峰期年龄	45～50 岁	55～60 岁
乳腺癌发病率	42.55/10 万	72.4/10 万
死亡率（患癌女性为基数）	9.50%	4.30%
常用筛查方式	超声、钼靶 X 射线	钼靶 X 射线

自动乳腺全容积成像技术（automated breast volume scanner，ABVS）是由德国西门子公司为乳腺检查研发的三维立体超声成像技术，是一种不依赖操作者经验的能覆盖全乳的全新超声诊断设备，可以由护士或技师完成整个操作。由于该系统具有一款特殊的高频自动探头，能采集到乳腺全容积图像，可获取乳腺的横断面、纵断面及冠状面图像信息，特别适用于致密性乳腺组织以及有乳腺疾病家族史的患者，并能有效提高诊断的精确度。同时，ABVS 能获得层厚 0.5mm 的连续断层图像，提供更易于理解的乳腺解剖学全貌及结构特点，特别是临近乳腺导管附近的小叶及周围组织能得到很好的显示，其类同 MRI 的容积冠状切面图像和类同钼靶片的反转图像深受临床医生欢迎，为乳腺癌早期发现这一难题翻开崭新的一页。

1.4.4.3　案例2：消化道内窥镜息肉图像优化处理

消化道的息肉是临床上常见的疾病，以结肠息肉最为常见，次之为胃息肉，食管、十二指肠及小肠息肉相对少见。过去由于检测手段不够，往往不能早期发现，以至于许多病例出现癌变、出血等并发症才得以发现。现在随着科技的不断发展，内镜检查已成为全世界公认的消化道检查金标准。

息肉的发展是比较漫长的，从最基本的生长到成癌过程约7~15年。前1~10年时间是息肉癌前病变的一个过渡期，为癌症酝酿期。目前，息肉是临床医生根据内镜检查病变的图像形态来确定的，因此息肉图像的清晰度非常重要，影响医生的诊断结果。

息肉的表面与光源的相对距离较其周围组织近，从而息肉表面的光强也更加大，恰恰可以利用这个特性来过滤掉一些错误的息肉检测结果。如图1-3所示，

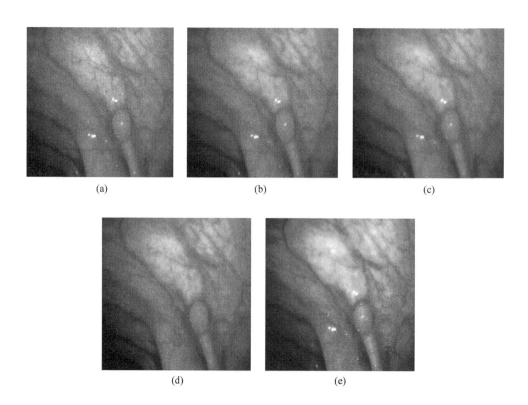

图1-3　滤波及对比度增强前后图像对比

(a) 噪声图像；(b) 中值滤波后图像；(c) 高斯滤波后图像；

(d) 消除反光后图像；(e) 对比度增强后图像

将消化道内窥镜噪声图像经过中值滤波、高斯滤波、消除反光以及对比度增强等计算机图像技术处理后，病灶息肉图像明显更加清晰、轮廓更加突出，便于医生的诊断与治疗。同时，这一试验结果也显示了该消化道内窥镜图像中息肉的计算机辅助检测的可行性。

2 成像原理及智能内窥镜应用案例

2.1 图像传感器及成像原理

2.1.1 图像传感器的分类

图像传感器是能感受光学图像信息并转换成可用输出信号的传感器，是组成数字摄像头的重要组成部分。图像传感器利用光电器件的光-电转换功能，将其感光面上的光像转换为与光像成相应比例关系的"图像"电信号。固态图像传感器是指在同一半导体衬底上布设的若干光敏单元和移位寄存器构成的集成化、功能化的光电器件，利用光敏单元的光电转换功能将投射到光敏单元上的光学图像转换成"图像"电信号。

根据元件的不同，可将图像传感器分为电荷耦合元件（charge coupled device，CCD）和金属氧化物半导体元件（complementary metal-oxide semiconductor，CMOS）两大类：

（1）CCD 图像传感器。美国科学家威拉德·博伊尔和乔治·史密斯于 1969 年在贝尔实验室研制成功电荷耦合器件（CCD）图像传感器。CCD 传感器是一种电荷包的形式存储和传递信息的半导体表面器件，是在 MOS 结构电荷存储器的基础上发展起来的，所以有人将其称为"排列起来的 MOS 电容阵列"。一个 MOS 电容器是一个光敏元，可以感应一个像素点，则图像有多少像素点，就需要多少个光敏元（像素），即采集一幅图片需要含有很多 MOS 光敏元的大规模集成器件。

（2）CMOS 图像传感器。CMOS 图像传感器是一种典型的固体成像传感器，与 CCD 图像传感器的成像原理相同，它们最主要的差别在于信号的读出过程不同，由于 CCD 仅有一个（或少数几个）输出节点统一读出，其信号输出的一致性非常好，而 CMOS 芯片中，每个像素都有各自的信号放大器，各自进行电荷-电压的转换，其信号输出的一致性较差，如图 2-1 所示。

CMOS 图像传感器通常由像敏单元阵列、行驱动器、列驱动器、时序控制逻辑、A/D 转换器、数据总线输出接口、控制接口等几部分组成，这几部分通常都被集成在同一块硅片上。其工作过程一般可分为复位、光电转换、积分和读出。

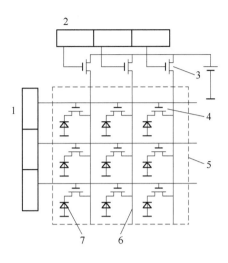

图 2-1 CMOS 像敏元阵列结构

1—垂直移位寄存器；2—水平移位寄存器；3—水平扫描开关；
4—垂直扫描开关；5—像敏元阵列；6—信号线；7—像敏元

图 2-2 为 Foveon 公司开发的一种给数码相机使用的 CMOS 感光元件 Foveon X3 示意图。Foveon X3 是全球第一款可以在一个像素上捕捉全部色彩的图像传感器，采用三层感光元件，每层记录 RGB 的其中一个颜色通道，直接捕获所有颜色。Foveon X3 的三个感光层在不同的深度撷取 RGB 色光，于是可以确保 RGB 色光都被撷取 100%。分层感光会有几个主要的优势，例如，影像更鲜锐、色彩细节增加，可以避免不必要的纹状效应等。

图 2-2 在 Foveon X3 示意图

2.1.2　CCD 图像传感器

CCD 是由许多个光敏像元按一定规律排列组成的。每个像元就是一个 MOS 电容器（大多为光敏二极管），它是在 P 型 Si 衬底表面上用氧化的办法生成 1 层厚度约为 100~150nm 的 SiO_2，再在 SiO_2 表面蒸镀一金属层（多晶硅），在衬底和金属电极间加上 1 个偏置电压，就构成了 1 个 MOS 电容器。当有 1 束光线投射到 MOS 电容器上时，光子穿过透明电极及氧化层，进入 P 型 Si 衬底，衬底中处于价带的电子将吸收光子的能量而跃入导带。光子进入衬底时产生的电子跃迁形成电子-空穴对，电子-空穴对在外加电场的作用下，分别向电极的两端移动，这就是信号电荷。这些信号电荷储存在由电极形成的"势阱"中。CCD 图像传感器的特点为：

（1）调制传递函数 MTF 特性。固态图像传感器是由像素矩阵与相应转移部分组成的。固态的像素尽管已做得很小，并且其间隔也很微小，但是，这仍然是识别微小图像或再现图像细微部分的主要障碍。

（2）输出饱和特性。当饱和曝光量以上的强光像照射到图像传感器上时，传感器的输出电压将出现饱和，这种现象称为输出饱和特性。产生输出饱和现象的根本原因是光敏二极管或 MOS 电容器仅能产生与积蓄一定极限的光生信号电荷所致。

（3）暗输出特性。暗输出又称无照输出，是指无光像 CCD 传感器。信号照射时，传感器仍有微小输出的特性，输出来源于暗（无照）电流。

（4）灵敏度。单位辐射照度产生的输出光电流表示固态图像传感器的灵敏度，它主要与固态图像传感器的像元大小有关。

（5）弥散。饱和曝光量以上的过亮光像会在像素内产生与积蓄起过饱和信号电荷，这时，过饱和电荷便会从一个像素的势阱经过衬底扩散到相邻像素的势阱。这样，再生图像上不应该呈现某种亮度的地方反而呈现出亮度，这种情况称为弥散现象。

（6）残像。对某像素扫描并读出其信号电荷之后，下一次扫描后读出信号仍受上次遗留信号电荷影响的现象称为残像。

（7）等效噪声曝光量。产生与暗输出（电压）等值时的曝光量称为传感器的等效噪声曝光量。

2.1.3　CMOS 图像传感器

20 世纪 70 年代初，CMOS 传感器在美国航空航天局（NASA）的 Jet Propulsion Laboratory（JPL）制造成功。20 世纪 80 年代末，英国爱丁堡大学成功试制出了世界第 1 块单片 CMOS 型图像传感器件。1995 年，像元数为 128×128 的高性能 CMOS 有源像素图像传感器由 JPL 首先研制成功。1997 年，英国爱丁堡 VLSI Version 公司首次实现了 CMOS 图像传感器的商品化。就在这一年，实用 CMOS 技术的特征尺寸达到了 0.35μm，东芝研制成功了光电二极管型 APS（Active Pixel Sensor），其像元尺寸为 5.6μm×5.6μm，具有彩色滤色膜和微透镜阵列。2000 年，日本东芝公司和美国斯坦福大学采用 0.35μm 技术开发的 CMOS-APS 已成为开发超微型 CMOS 摄像机的主流产品。2008 年 6 月豪威科技领先业界宣布投产背照式（BSI）CMOS 传感器。

　　CMOS 图像传感器主要组成部分如图 2-3 所示，是像敏单元阵列和 MOS 场效应管集成电路，而且这两部分是集成在同一硅片上的；像敏单元阵列由光电二极管阵列构成。如图 2-3 所示，像敏单元阵列按 X 和 Y 方向排列成方阵，方阵中的每一个像敏单元都有它在 X、Y 各方向上的地址，并可分别由两个方向的地址译码器进行选择；输出信号送 A/D 转换器进行模数转换变成数字信号输出。

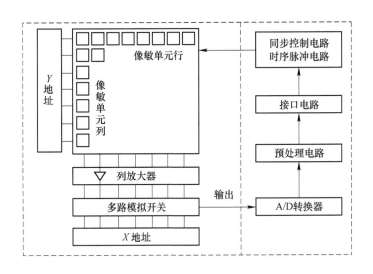

图 2-3　CMOS 图像传感器组成框图

　　CMOS 图像传感器的工作原理如图 2-4 所示，在 Y 方向地址译码器（可以采用移位寄存器）的控制下，依次序接通每行像敏单元上的模拟开关（图中标志的 $S_{i,j}$），信号将通过行开关传送到列线上；通过 X 方向地址译码器（可以采用移位寄存器）的控制，输送到放大器。由于信号经行与列开关输出，因此，可以实现逐行扫描或隔行扫描的输出方式，也可以只输出某一行或某一列的信号。

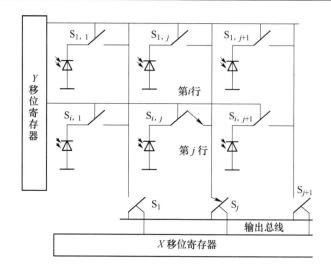

图 2-4 CMOS 图像传感器原理示意图

在 CMOS 图像传感器的同一芯片中，还可以设置其他数字处理电路。例如，可以进行自动曝光处理、非均匀性补偿、白平衡处理、γ校正、黑电平控制等处理，甚至于将具有运算和可编程功能的 DSP 器件制作在一起形成多种功能的器件。

像敏单元结构指每个成像单元的电路结构，是 CMOS 图像传感器的核心组件，如图 2-5 所示。像敏单元结构有两种类型，即被动像敏单元结构和主动像敏

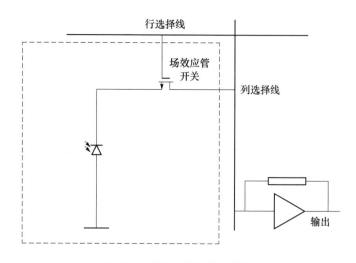

图 2-5 CMOS 像敏单元结构

单元结构。

被动像敏单元结构只包含光电二极管和地址选通开关两部分。被动像敏单元结构的缺点是固定图案噪声（FPN）大、图像信号的信噪比较低。主动像敏单元结构是当前得到实际应用的结构。它与被动像敏单元结构的最主要区别是，在每个像敏单元都经过放大后，才通过场效应管模拟开关传输，所以固定图案噪声大为降低，图像信号的信噪比显著提高。

主动像敏单元结构特点如图 2-6 所示：为场效应管构成光电二极管的负载，它的栅极接在复位信号线上，当复位脉冲到来时，T_1 导通，光电二极管被瞬时复位；当复位脉冲消失后，T_1 截止，光电二极管开始积分光信号。T_2 为源极跟随器，它将光电二极管的高阻抗输出信号进行电流放大。T_3 用做选址模拟开关，当选通脉冲到来时，T_3 导通，使被放大的光电信号输送到列总线上。

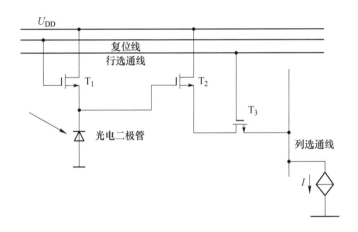

图 2-6　主动式像敏单元结构

CMOS 图像传感器的功能很多，组成也很复杂。由像敏单元、行列开关、地址译码器、A/D 转换器等许多部分组成较为复杂的结构。

应使诸多的组成部分按一定的程序工作，以便协调各组成部分的工作。为了实施工作流程，还要设置时序脉冲，利用它的时序关系去控制各部分的运行次序，并用它的电平或前后沿去适应各组成部分的电气性能。

CMOS 图像传感器的工作流程见图 2-7 所示。

（1）初始化。初始化时要确定器件的工作模式，如输出偏压、放大器的增益、取景器是否开通，并设定积分时间。

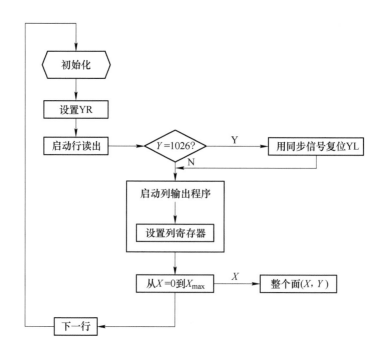

图 2-7　CMOS 图像传感器的工作流程

（2）帧读出（YR）移位寄存器初始化。利用同步脉冲 SYNC-YR，可以使 YR 移位寄存器初始化。SYNC-YR 为行启动脉冲序列，不过在它的第一行启动脉冲到来之前，有一消隐期间，在此期间内要发送一个帧启动脉冲。

（3）启动行读出。SYNC-YR 指令可以启动行读出，从第一行（$Y=0$）开始，直至 $Y=Y_{max}$ 止；Y_{max} 等于行的像敏单元减去积分时间所占去的像敏单元。

（4）启动 X 移位寄存器。利用同步信号 SYNC-X，启动 X 移位寄存器开始读数，从 $X=0$ 起，至 $X=X_{max}$ 止；X 移位寄存器存一幅图像信号。

（5）信号采集。A/D 转换器对一幅图像信号进行 A/D 数据采集。

（6）启动下行读数。读完一行后，发出指令，接着进行下一行读数。

（7）复位。

（8）帧复位是用同步信号 SYNC-YL 控制的，从 SYNC-YL 开始至 SYNC-YR 出现的时间间隔便是曝光时间。为了不引起混乱，在读出信号之前应当确定曝光时间。

（9）输出放大器复位。用于消除前一个像敏单元信号的影响，由脉冲信号 SIN 控制对输出放大器的复位。

（10）信号采样/保持。为适应 A/D 转换器的工作，设置采样/保持脉冲，该脉冲由脉冲信号 SHY 控制，如图 2-8 所示。

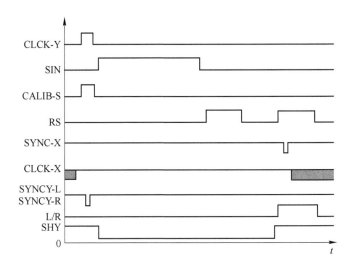

图 2-8 CMOS 传感器波形

CMOS 图像传感器的参数指标：

（1）传感器尺寸。CMOS 图像传感器的尺寸越大，则成像系统的尺寸越大，捕获的光子越多，感光性能越好，信噪比越低。目前，CMOS 图像传感器的常见尺寸有 1in、2/3in、1/2in、1/3in、1/4in（1in＝2.54cm）等，详见表 2-1。

表 2-1　CMOS 图像传感器相关参数

格式	长度/mm	宽度/mm	对角线/mm	面积/mm²
全画幅	36	24	43.27	864
佳能 APS-H	27.9	18.6	33.53	518.94
尼康 DX	23.6	15.8	28.4	372.88
佳能 APS-C	22.3	14.9	26.82	332.27
佳能 1.5in	18.7	14	23.36	261.8

格式	长度/mm	宽度/mm	对角线/mm	面积/mm²
佳能 4/3in	17.3	13	21.64	224.9
尼康 1 系列	13.2	8.8	15.86	116.16
富士 2/3in	8.8	6.6	11	58.08
富士 1/1.7in	7.76	5.82	9.7	45.16
富士 1/2.3in	6.16	4.62	7.7	28.46
富士 1/3.2in	4.13	3.05	5.13	12.6

（2）像素总数和有效像素数。像素总数是指所有像素的总和，像素总数是衡量 CMOS 图像传感器的主要技术指标之一。CMOS 图像传感器的总体像素中被用来进行有效的光电转换并输出图像信号的像素为有效像素。显而易见，有效像素总数隶属于像素总数集合。有效像素数目直接决定了 CMOS 图像传感器的分辨能力。而在传感器中，每一个感光单元对应一个像素，像素越多，代表着它能够感测到更多的物体细节，从而图像就越清晰。

（3）动态范围。动态范围由 CMOS 图像传感器的信号处理能力和噪声决定，反映了 CMOS 图像传感器的工作范围。参照 CCD 的动态范围，其数值是输出端的信号峰值电压与均方根噪声电压之比，即信噪比，单位用 dB 来表示。一般摄像机给出的信噪比值均是 AGC（自动增益控制）关闭时的值，因为当 AGC 接通时，会对小信号进行提升，使得噪声电平也相应提高。信噪比的典型值为 45～55dB，若为 50dB，则图像有少量噪声，但图像质量良好；若为 60dB，则图像质量优良，不出现噪声，信噪比越大说明对噪声的控制越好。

（4）灵敏度。图像传感器对入射光功率的响应能力被称为响应度。对于 CMOS 图像传感器来说，通常采用电流灵敏度来反映响应能力，电流灵敏度也就是单位光功率所产生的信号电流。

感光度即是通过 CCD 或 CMOS 以及相关的电子线路感应入射光线的强弱。感光度越高，感光面对光的敏感度就越强，快门速度就越高，这在拍摄运动车辆、夜间监控的时候尤其显得重要。

（5）分辨率。分辨率是指 CMOS 图像传感器对景物中明暗细节的分辨能力。通常用调制传递函数（MTF）来表示，同时也可以用空间频率（lp/mm）来表示。

（6）光电响应不均匀性。CMOS 图像传感器是离散采样型成像器件，光电响应不均匀性定义为 CMOS 图像传感器在标准的均匀照明条件下，各个像元的固定噪声电压峰峰值与信号电压的比值。

（7）光谱响应特性。CMOS 图像传感器的信号电压 V_s 和信号电流 I_s 是入射光波长 λ 的函数。光谱响应特性就是指 CMOS 图像传感器的响应能力随波长的变化关系，它决定了 CMOS 图像传感器的光谱范围。

目前，CMOS 图像传感器性能存在的主要问题：

（1）暗电流。暗电流是 CMOS 图像传感器的难题之一。CMOS 成像器件均有较大的像素尺寸，因此，在正常范围内也会产生一定的暗电流。暗电流限制了器件的灵敏度和动态范围。通过改进 CMOS 工艺，降低温度，压缩结面积，可降低暗电流的发生率，也可通过提高帧速率来缩短暗电流的汇集时间，从而减弱暗电流的影响。

（2）噪声。噪声的大小直接影响 CMOS 图像传感器对信号的采集和处理，因此，如何提高信噪比是 CMOS 图像传感器的关键技术之一。CMOS 的噪声主要有：热噪声、复位噪声、散粒噪声、低频噪声。

（3）填充系数。CMOS 图像传感器的填充系数一般在 20%~30%之间，而 CCD 图像传感器则高达 80%以上，这主要是由于 CMOS 图像传感器的像素中集成了读出电路。采用微透镜阵列结构，在整个 CMOS 有源像素传感器的像元上放置一个微透镜将光集中到有效面积上，可以大幅度提高灵敏度和填充系数。CMOS 像素光电二极管的实际受光面积与其本身受光面积的比值就叫做填充系数或者开口率。

2.1.4 CMOS 与 CCD 图像传感器的比较

CMOS 与 CCD 图像传感器的对比见表 2-2。

表 2-2 CMOS 和 CCD 图像传感器比较

性能指标	CMOS图像传感器	CCD图像传感器
ISO感光度	低	高
分辨率	低	高
噪点	高	低
暗电流/pA·m^{-2}	10~100	10
电子-电压转换率	大	略小
动态范围	略小	大
响应均匀性	较差	好
读出速度/Mpixels·s^{-1}	1000	70
偏置、功耗	小	大
工艺难度	小	大
信号输出方式	$X-Y$寻址，可随机采样	顺序逐个像元输出
集成度	高	低
应用范围	低端、民用	高端、军用、科学研究
性价比	高	略低

主要在以下几个方面存在不同：

（1）电荷读取方式。CCD 为光通过光敏器件转化为电荷，然后电荷通过传感器芯片传递到转换器，最终信号被放大。电路较为复杂，速度较慢。CMOS 是光经光电二极管的光电转换后直接产生电压信号，信号电荷不需要转移，MOS 器件的集成度高，体积小。

（2）生产工艺。CCD 传感器需要特殊工艺，使用专用生产流程，成本较高。CMOS 传感器使用与制造半导体器件 90% 相同的基本技术和工艺，且成品率高，制造成本低。

（3）集成度。CMOS 图像传感器能在同一个芯片上集成各种信号和图像处理模块，形成单片高集成度数字成像系统。CCD 还需外部的地址译码器、模数转换器、图像信号处理器处理等。

（4）功耗。CCD 需要外部控制信号和时钟信号来控制电荷转移，另外还需要多个电源和电压调节器，需要较高的电压，功耗较大。CMOS 图像传感器使用单一工作电压，芯片采用集成电路，电路几乎没有静态电量消耗，只有在电路接通的时候才有电量的消耗，因此功耗低。

（5）速度。高速性是 CMOS 电路的固有特性，CMOS 图像传感器可以极快地驱动成像阵列的列总线，并且 ADC 在片内工作具有极快的速率。CCD 采用串行连续扫描的工作方式，必须一次性读出整行或整列的像素值，读出速度很慢，能局部进行随机访问。

（6）响应范围。CMOS 图像传感芯片除了可见光外，对红外光等非可见光波也有反应。

（7）灵敏度和动态范围。CCD 有高的灵敏度，只要很少的积分时间就能读出信号电荷。CMOS 因为像素内集成了有源晶体管降低了感光灵敏度。CCD 具有较低的暗电流和成熟的读出噪声抑制技术，目前 CCD 的动态范围比 CMOS 的动态范围宽。

（8）抗辐射性。CCD 的光电转换，电荷的激发的量子效应易受辐射线的影响。CMOS 光电转换只由光电二极管或光栅构成，抗辐射能力较强。

2.1.5　RAW 数据格式原理及图像数据的转换

数码相机的感光元件是由只能记录灰度信息的像素点组成的。感光元件前面的彩色滤镜分别透过绿光、黄光和红光，其中记录绿色的点占总像素的 50%，红色和黄色各 25%（三原色滤镜）。结果只是一些 3 种原色不同亮度的像素组成的马赛克而已，但实际上，我们需要的是每个像素都同时记录 3 种颜色。RAW 并不是一种图片格式，它是一种记录了数码相机传感器的原始信息的文件格式。人们将 RAW 这种具有"底片"性质的文件格式称为"电子底片"。

数码相机的成像原理可以简单地概括为电荷耦合器件（CCD）接收光学镜头传递来的影像，经模/数转换器（A/D）转换成数字信号后储于存储器中，如图

2-9 所示。数码相机的光学镜头与传统相机相同，将影像聚到感光器件上，即（光）电荷耦合器件（CCD）。CCD 替代了传统相机中的感光胶片的位置，其功能是将光信号转换成电信号，与电视摄像相同。CCD 是半导体器件，是数码相机的核心，其内含器件的单元数量决定了数码相机的成像质量——像素单元越多，即像素数高，成像质量越好，通常情况下像素的高低代表了数码相机的档次和技术指标。CCD 将被摄体的光信号转变为电信号——电子图像，这是模拟信号，还需进行数字信号的转换才能为计算机处理创造条件，将由 A/D 转换器来转换工作。数字信号形成后，由微处理器（MPU）对信号进行压缩并转化为特定的图像文件格式储存。

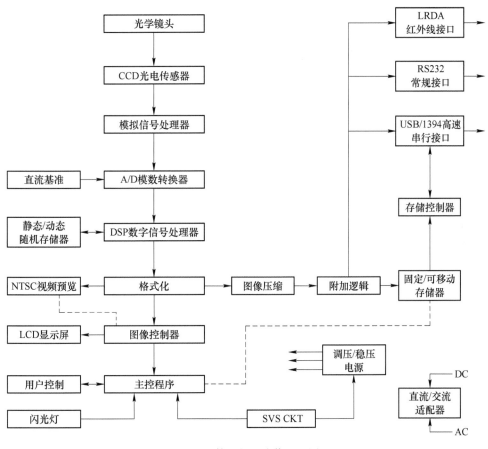

图 2-9 数码相机成像原理图

RAW 数据格式为彩色滤镜阵列 CFA（color filter airay）技术，是图像传感器产生彩色图像的主要技术。其结构参考了仿生学原理，为蜂窝式滤光片，如图 2-10

所示。在 CFA 上，一个像素只得到三种基本颜色光线中的一种。

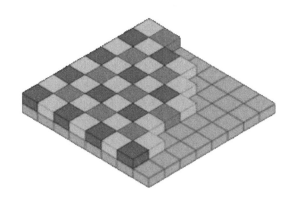

图 2-10　CFA 彩色滤镜阵列

早在 1666 年，牛顿就利用三棱镜片把一束太阳光分解成一种一端是紫色、另一端是红色的连续光谱，如图 2-11 所示。自然可见光是一种电磁波，波长在 380~780mn 之间，通过镜片可以分解为红橙黄绿蓝靛紫七个不同波段的彩色光谱，并且这七个波段之间并不是突然中止，也没有明显的分界线，而是从每一个波段混合平滑地过渡到下一个波段，从而形成了可见光谱。

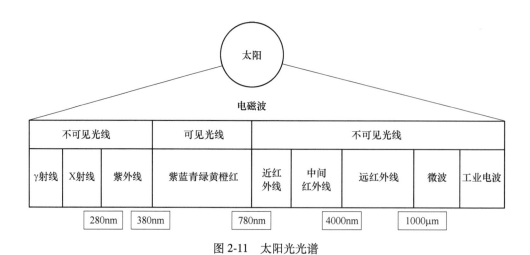

图 2-11　太阳光光谱

由于人眼的这种吸收特性，被看到的彩色光是所谓的原色红、绿、蓝的各种组合，因此，这三种颜色也被称为三基色。三基色的波长分别为：红色（red）

大约 600～700nm，绿色（green）大约 500～600mn，蓝色（blue）大约 400～500nm。所以，每个像素点由三种颜色构成即 R、G、B。

    CFA 彩色滤镜阵列一般采用 RGB 色彩模型，按照绿色（G）、红色（R）或者绿色（G）、蓝色（B）的方式有规律地分布。采用 RGB 彩色模型的 CFA 主要有三种结构，分别是 Bayer 格式、条纹型和马赛克型，如图 2-12 所示；Bayer 格式图片是伊士曼·柯达公司科学家 Bryce Bayer 发明的。Bayer 格式中有 RGB 三个基本色，对比其他两种颜色，人眼对绿色更加敏感，所以 Bayer 格式中 G 像素的数量是其他两种像素的总和，三种颜色滤波阵列的 Lenna 马赛克图如图 2-13 所示。

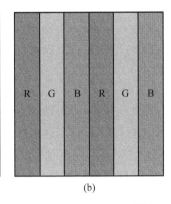

图 2-12　CFA 的三种结构

（a）Bayer；（b）条纹型；（c）马赛克

图 2-13　三种颜色滤波阵列的 Lenna 马赛克图

（a）双线性算法；（b）色比恒定法；（c）自适应算法

    传统图片格式是 TIFF 文件或 BMP 文件，虽然保持了每种颜色通道 8 位的信息，但它的文件大小比 RAW 更大（TIFF：3×8 位颜色通道；RAW：12 位 RAW 通道）。JPEG 通过压缩照片原文件，减少文件大小，但压缩是以牺牲画质为代价的。因此，RAW 是上述两者的平衡，既保证了照片的画质和颜色，又节省储存空间（相对于 TIFF）。一些高端的数码相机能输出几乎是无损的压缩 RAW 文件。许多图像处理软件可以对照相机输出的 RAW 文件进行处理。这些软件提供了对 RAW 格式照片的锐度、白平衡、色阶和颜色的调节。此外，由于 RAW 拥有 12 位数据，可以通过软件从 RAW 图片的高光或昏暗区域榨取照片细节，这些细节不可能在每通道 8 位的 JPEG 或 TIFF 图片中找到。

因此，在以 RAW 形式保存的图片中，可以对图像进行白平衡、色彩空间、色彩调整、GAMMA 校正、降噪、抗锯齿和锐化等的操作。

2.2　图像插值算法

2.2.1　概述

彩色滤波阵列获得图像信息时，每个像素点只能获得一种分量，另外两种缺失的分量则根据相邻的像素值进行估算得到。这个过程被称为图像插值。通过控制计算机完成图像插值过程的算法即为彩色插值算法。

Bayer 格式是指使用交替的红色、绿色和蓝色像素来记录数字图像。相机内置的处理器或"相机原始数据"等原始数据转换器使用名为"demosaicing"的颜色插值来添加遗漏的颜色，如图 2-14 所示。

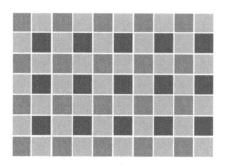

图 2-14　Bayer 格式

Bayer 格式数据是每一个像素仅仅包括了光谱的一部分，必须通过插值来实现每个像素的 RGB 值。为了从 Bayer 格式得到每个像素的 RGB 格式，另外缺失的两个像素采样点分量值需要通过计算的方式重建，这一过程被称做 CFA 图像插值，包括双线性插值算法、色比恒定法、基于梯度的算法、自适应算法、颜色插值算法等。

2.2.2 双线性插值算法

双线性插值算法是没有利用任何相关性的单个颜色通道独立插值算法。传感器只获得相应位置所对应的单色分量的强度。在图 2-15 （a）（b）中，R 和 B 分别取邻域的平均值。在图 2-15 （c）（d）中，取领域的 4 个 B 或 R 的均值作为中间像素的 B 值，样例如图 2-16 所示。

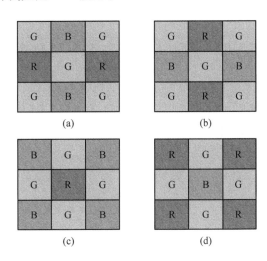

图 2-15 双线性插值算法

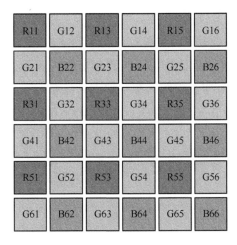

图 2-16 样例图

以 G34 为例，在该采样点仅能检测到绿色分量 G，需要通过邻近的两个红色分量 R 和蓝色分量 B 求平均值，来插值计算缺失的红色分量 R 和蓝色分量 B。计算公式分别为：

$$R_{34} = \frac{R_{33} + R_{35}}{2} \quad B_{34} = \frac{B_{24} + B_{44}}{2}$$

以 R33 为例，在该采样点仅能检测到红色分量 R，为了得到全彩色图像信息，必须恢复出所缺失的蓝色分量 B 和绿色分量 G，按照双线性算法，计算公式分别为：

$$B_{33} = \frac{B_{22} + B_{24} + B_{42} + B_{44}}{4} \quad G_{33} = \frac{G_{22} + G_{24} + G_{42} + G_{44}}{4}$$

以 B44 为例，在该采样点仅包含蓝色分量 B，为了得到全彩色图像信息，必须恢复出所缺失的红色分量 R 和绿色分量 G，按照双线性算法，计算公式分别为：

$$R_{44} = \frac{R_{53} + R_{33} + R_{35} + R_{55}}{4} \quad G_{44} = \frac{G_{34} + G_{54} + G_{43} + G_{45}}{4}$$

双线性插值算法始终取平均值，忽略了图像的细节信息，同时，由于该算法没有考虑到图像三个颜色分量之间存在的相关性，因此往往不能得到令人满意的插值效果，容易在一些图像边缘以及细节结构处产生锯齿形图案。虽然该算法容易实现，但是质量往往不能满足实际应用的要求。

双线性插值算法的改进由于人眼对绿光反应最敏感，对紫光和红光则反应较弱，因此为了达到更好的画质，需要对 G 特殊照顾。

图 2-17 中间像素 G 的取值，两者也有一定的算法要求，不同的算法效果上会有差异。图 2-15（a）中，中间像素 G 值的算法如下：

$$G(R) = \begin{cases} \dfrac{G_1 + G_3}{2} & |R_1 - R_3| < |R_2 - R_4| \\[2mm] \dfrac{G_3 + G_4}{2} & |R_1 - R_3| > |R_2 - R_4| \\[2mm] \dfrac{G_1 + G_2 + G_3 + G_4}{4} & |R_1 - R_3| = |R_2 - R_4| \end{cases}$$

图 2-15（b）中，中间像素 G 值的算法如下：

$$G(B) = \begin{cases} \dfrac{G_1 + G_3}{2} & |B_1 - B_3| < |B_2 - B_4| \\[2mm] \dfrac{G_3 + G_4}{2} & |B_1 - B_3| > |B_2 - B_4| \\[2mm] \dfrac{G_1 + G_2 + G_3 + G_4}{4} & |B_1 - B_3| = |B_2 - B_4| \end{cases}$$

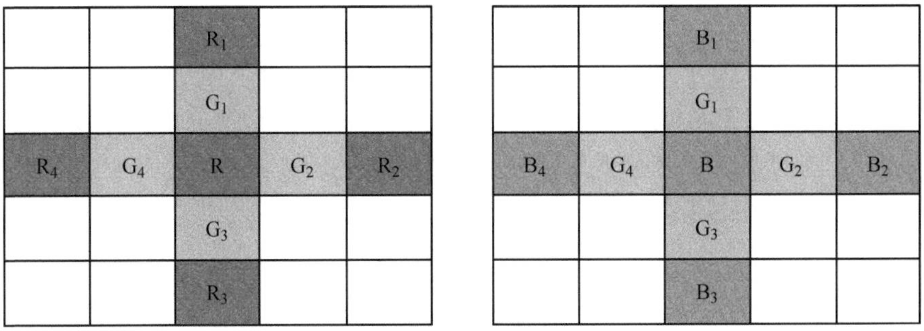

图 2-17 样图

2.2.3 色比恒定法

基于色比恒定的插值方法（color ratios interpolation）是由 Cok 提出，是最早应用于数码相机系统的算法之一。该算法是基于色彩比率规律的 Mondrian 模型。因为图像在不同的色彩平面中，各色彩通道之间具有相关性，所以在一副图片的很小的平滑区域，色彩亮度是自然过渡的。根据 Mondrian 模型，给定两个邻近的像素点 (i, j) 和 (m, n)，则下面两等式同时成立：

$$R_{ij}/G_{ij} = R_{mn}/G_{mn}$$

$$B_{ij}/G_{ij} = B_{mn}/G_{mn}$$

根据以上原理，如果插值出图像所有的绿色分量 G，根据已知的某一像素点的红色分量 R 或者蓝色分量 B，就可以计算出该像素点附近采样点缺失的红色分量 R 或者蓝色分量 B。在上面的等式中，如果 R_{ij} 为测出的值，G_{ij} 为插值得到的结果，为了得到 (m, n) 处的红色分量 R，则通过等式变形可以得到：

$$R_{mn} = G_{mn}\dfrac{R_{ij}}{G_{ij}}$$

以 B44 为例，R44 计算方式如下：

$$R_{44} = G_{44} \frac{\dfrac{R_{33}}{G_{33}} + \dfrac{R_{35}}{G_{35}} + \dfrac{R_{53}}{G_{53}} + \dfrac{R_{55}}{G_{55}}}{4}$$

2.2.4 基于梯度的算法

为克服双线性插值算法的边缘锯齿现象，合理解决边界的插值问题，研究人员提出了基于梯度的插值算法。该算法利用了人眼对绿色比较敏感的视觉特性来实现插值。两种实现方法：一种是一阶微分法，另一种是二阶微分法。

一阶微分法以 B44 为例，首先，为恢复出采样点的绿色分量，先分别计算该点在水平方向的梯度 α 和垂直方向的梯度 β：

$$\alpha = |\,G_{43} - G_{45}\,|$$

$$\beta = |\,G_{34} - G_{54}\,|$$

二阶微分法仍以 B44 为例，首先，为恢复出采样点的绿色分量，先分别计算该点在水平方向的梯度 α 和垂直方向的梯度 β：

$$\alpha = |\,2B_{44} - B_{42} - B_{46}\,|$$

$$\beta = |\,2B_{44} - B_{24} - B_{64}\,|$$

则 G_{44} 的计算方法为：

当 $\alpha < \beta$ 时
$$G_{44} = \frac{G_{43} + G_{45}}{2}$$

当 $\alpha > \beta$ 时
$$G_{44} = \frac{G_{34} + G_{54}}{2}$$

当 $\alpha = \beta$ 时
$$G_{44} = \frac{G_{34} + G_{43} + G_{45} + G_{54}}{4}$$

在对红色分量和蓝色分量分别进行插值时，还是基于色差恒定的原则，并通过绿色分量 G 修正。

像素点 G34、G43、B44 为例，分别计算该像素点所缺失的红色分量 R：

$$R_{34} = \frac{(R_{33} - G_{33}) + (R_{35} - G_{35})}{2} + G_{34}$$

$$R_{43} = \frac{(R_{33} - G_{33}) + (R_{53} - G_{35})}{2} + G_{43}$$

$$R_{44} = \frac{(R_{33} - G_{33}) + (R_{35} - G_{35}) + (R_{53} - G_{53}) + (R_{55} - G_{55})}{4} + G_{44}$$

蓝色分量 B 的恢复，根据阵列的排列规律，有三种不同的情况：

恢复 G54 的蓝色分量：

$$B_{54} = \frac{(B_{44} - G_{44}) + (B_{64} - G_{64})}{2} + G_{54}$$

恢复 G43 处的蓝色分量：

$$B_{43} = \frac{(B_{42} - G_{42}) + (B_{44} - G_{44})}{2} + G_{43}$$

恢复 R53 处的红色分量：

$$B_{53} = \frac{(B_{42} - G_{42}) + (B_{44} - G_{44}) + (B_{62} - G_{62}) + (B_{64} - G_{64})}{4} + G_{53}$$

2.3　图像在智能内窥镜中的应用案例

2.3.1　内窥镜的发展

古希腊名医，有着医学之父之称的希波克拉底（约公元前 460~前 370）曾描述过一种直肠诊视器，该诊视器与我们今天所用的器械十分相似。类似的诊视器还发现于庞贝遗迹，这些诊视器曾被用于窥视阴道与子宫颈，检查直肠，并用于检视耳、鼻内。当时进行这些检查时利用的是自然光线。

内窥镜检查"endoscopy"一词起源于希腊语，英文字首"endo"指内部之意。内窥镜技术是微创外科领域内最具有代表性的技术。内窥镜是一个配备有灯光的管子，它可以经口腔进入胃内或经其他天然孔道进入体内。利用内窥镜可以看到 X 射线不能显示的病变，因此它对医生的诊断大有帮助。

内窥镜的真正发展还是起于近代，一般可将其发展阶段分为硬管式窥镜、半可屈式内窥镜、纤维内窥镜和电子内窥镜。

1804 年，德国的 Philip Bozzini（见图 2-18）首先大胆提出了内镜的设想，并于 1806 年制造了一种以蜡烛为光源的器具，由一花瓶状光源、蜡烛和一系列镜片组成，用于观察动物的膀胱与直肠内部结构，被称为明光器（Lichtleiter 或 Light Conductor），虽然未用于人体，Bozzini 仍被誉为第一个内窥镜的发明人，开启了早期开放式硬管内窥镜阶段。

图 2-18　Philip Bozzini（1773~1809 年）

　　第一次将"Lichtleiter"运用于人体的是法国外科医生 Desormeaux，他因此被许多人誉为"内窥镜之父"。他的"Lichtleiter"是以煤油和松节油灯为光源，如图 2-19 所示，灯的上方带有烟囱，并用透镜将光线聚集以增加亮度，可想而知灼伤是进行这种检查时的主要并发症。虽然这种内窥镜可以到达胃，但光线太暗，所以"Lichtleiter"主要用于检查泌尿系方面的疾病。

图 2-19　Lichtleiter

　　受演艺者吞剑的启发（见图 2-20），Kussmaul 于 1870 年将一直的金属管放入一演艺者的胃内来观察胃腔，这样第一台食管胃镜就问世了。

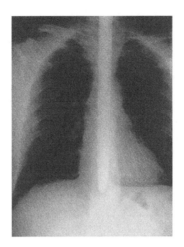

图 2-20 吞剑者影像

1879 年，柏林泌尿外科医生 Nitze 制成了第一个含光学系统的内窥镜（即膀胱镜），其前端含一个棱镜，用电流使铂丝环过热发光并以之作为光源，同 "Lichtleiter" 一样，该内窥镜仅被用于泌尿系统。Nitze 在膀胱内循环冰水以避免热灼伤，由于该内窥镜能获得较清晰的图像，Nitze 还利用它拍摄照片，后来 Nitze 在他的膀胱镜中引入了操作管道，通过该管道可以插入输尿管探针进行操作。

真正意义上的第一个半可屈式胃窥镜是由 Schindler 从 1928 年起与器械制作师 Wolf 合作开始研制的，并最终在 1932 年获得成功，定名为 Wolf-Schindler 式胃镜。其特点是前端可屈性，即在胃内有一定范围的弯曲，使术者能清晰地观察胃黏膜图像，该胃镜前端有一光滑金属球，插入较方便，灯泡光亮度较强，有空气通道用以注气，近端为硬管部，有接目镜调焦。

20 世纪 50 年代以前，内窥镜照明采用的是内光源，照明效果较差，图像色彩扭曲，并有致组织灼伤的危险。

早在 1899 年，Smith 就曾描述应用玻璃棒将外光源导入观察腔，Thompson 也有类似的描述，他采用的是石英棒。1930 年，德国人 Lamm 提出可以用细的玻璃纤维束在一起传导光源，并设想用玻璃纤维束制作柔软胃镜，因纤维间光绝缘没解决而未获成功。荷兰的 Heel 及美国的 Brien 在纤维上加一被覆层，解决了纤维间的光绝缘问题。1954 年，英国 Hopkings 及 Kapany 研究了纤维的精密排列，有效地解决了纤维束的图像传递，为纤维光学的实用奠定了基础。

1957 年，Hirschowitz 和他的研究组制成了世界上第一个用于检查胃、十二指肠的光导纤维内镜原型，为纤维内窥镜的发展拉开了帷幕。1960 年 10 月，美国膀胱镜制造者公司（ACMI）向 Hirschowitz 提供了第一个商业纤维内窥镜（见图 2-21）。

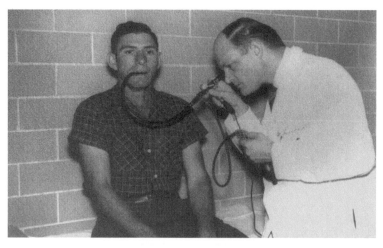

图 2-21　第一个商业纤维内窥镜

　　紧接着日本 Olympas 厂在光导纤维胃镜基础上，加装了活检装置及照相机，有效地显示了胃照相术。1966 年，Olympas 首创前端弯角结构；1967 年，Machida 厂采用外部冷光源，使光亮度大增，可发现小病灶，视野进一步扩大。随着附属装置的不断改进，如手术器械、摄影系统的发展，使纤维内镜（见图 2-22）

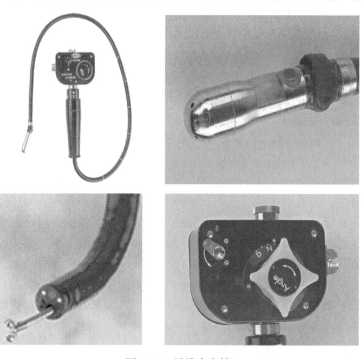

图 2-22　纤维内窥镜

不但可用于诊断，还可用于手术治疗。

1983 年，美国 Welch Allyn 研制并应用微型图像传感器（charge coupled device，CCD）代替了内镜的光导纤维，宣告了电子内镜的诞生，是内镜发展史上又一次历史性的突破，如图 2-23 所示。电子内窥镜是一种可插入人体体腔和脏器内腔进行直接观察、诊断、治疗的集光、机、电等高精尖技术于一体的医用电子光学仪器。它采用尺寸极小的电子成像元件 CCD（电荷耦合器件），将所要观察的腔内物体通过微小的物镜光学系统成像到 CCD 上，然后通过导像纤维束将接收到的图像信号送到图像处理系统上，最后在监视器上输出处理后的图像，供医生观察和诊断。由于电子内镜的问世，给百余年来内镜的诊断和治疗开创了历史新篇章，在临床、教学和科研中发挥出它巨大的优势。

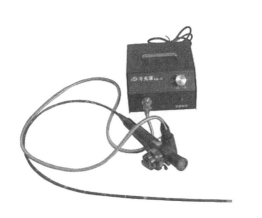

图 2-23　电子内窥镜

近年来，还出现了超声内镜，如图 2-24 所示，将微型高频超声探头安置在内镜前端，在内镜直接观察腔内形态的同时，又可进行实时超声扫描，以获得管道壁各层次的组织学特征及周围邻近脏器的超声图像。

最近出现的胶囊内镜，又称"医用无线内镜"，因其具有检查方便、无创伤、无导线、无痛苦、无交叉感染、不影响患者的正常工作等优点，已经成为现代内镜的标志，如图 2-25 所示，随后将重点介绍这类内镜。

2.3.2　内窥镜的分类

按电子内窥镜成像构造分类可大体分为三大类：硬管式内窥镜、光学纤维（可分为软镜和硬镜）内窥镜、电子内窥镜（可分为软镜和硬镜）。

按其功能分类可大体分为七大类：

（1）用于消化道的内窥镜，包含硬管式食道镜、纤维食道镜、电子食道镜、

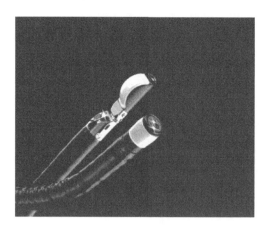

图 2-24 超声内镜

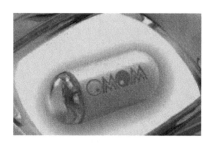

图 2-25 胶囊内镜

超声电子食道镜，纤维胃镜、电子胃镜、超声电子胃镜，纤维十二指肠镜、电子十二指肠镜，纤维小肠镜、电子小肠镜、纤维结肠镜、电子结肠镜，纤维乙状结肠镜和直肠镜。

（2）用于呼吸系统的内窥镜，包含硬管式喉镜、纤维喉镜、电子喉镜，纤维支气管镜、电子支气管镜。

（3）用于腹膜腔的内窥镜，包含有硬管式、光学纤维式、电子手术式腹腔镜。

（4）用于胆道的内窥镜，包含硬管式胆道镜、纤维胆道镜、电子胆道镜。

（5）用于泌尿系统的内窥镜——膀胱镜，可分为检查用膀胱镜、输尿管插管用膀胱镜、手术用膀胱镜、示教用膀胱镜、摄影用膀胱镜、小儿膀胱镜和女性膀胱镜、输尿管镜、肾镜。

（6）用于妇科的内窥镜，包含宫腔镜、人工流产镜等。

（7）用于关节的内窥镜为关节腔镜。

2.3.3 内窥镜的原理

内窥镜是集中了传统光学、人体工程学、精密机械、现代电子、数学、软件等于一体的检测仪器，具有图像传感器、光学镜头、光源照明、机械装置等，它可以经口腔进入胃内或经其他天然孔道进入体内。利用内窥镜可以看到X射线不能显示的病变，因此它非常有利于医生的诊断。例如，借助内窥镜医生可以观察胃内的溃疡或肿瘤，据此制定出最佳的治疗方案。内窥镜具备如下优势：

（1）操作简单、灵活、方便。由于电子技术的应用，在诊断和治疗疾病时，操作者和助手以及其他工作人员都能在监视器的直视下进行各种操作，使各方面的操作者都能配合默契且安全。因此操作起来灵活、方便，易于掌握。

（2）病人不适感降到了最低程度。由于内镜镜身的细径化，在镜身插入体腔时，使患者的不适感降到了最低程度。

（3）大大提高了诊断能力。由于CCD的应用，使像素数比纤维内镜大大增加，图像更加清晰逼真，且有放大功能。因此，具有很高的分辨能力，可以观察到胃黏膜的微细结构，也就是说能观察到胃黏膜的最小解剖单位——胃小区、胃小沟，故可以发现微小病变，达到早期发现、早期诊断、早期治疗的最终目的。除此之外，由于电子内镜的视野宽阔，内镜前端的弯曲角度大，避免了盲区，避免漏诊。

（4）便于教学及临床病例讨论。由于在监视器屏幕上观察图像，可以供更多人员共同观察学习，进行病例讨论，同时，也为提高诊断水平提供了良好的条件。

（5）便于患者的密切配合。由于在监视器上观察图像，因此患者本人也可以直接参与观察，这对消除患者的紧张情绪、提高患者的检查兴趣和信心起到了积极的作用。

（6）为教学、科研提供可靠的资料。由于电子内镜可以对检查过程进行录像、照相，因此为今后的教学、科研提供了真实、可靠的第一手资料。

（7）电子内镜功能在临床应用中的开发。电子内镜是内镜中功能最全、最有开发前景的临床内腔镜检查设备。除了由于电子技术的应用使图像更加清晰、逼真外，单就CCD的开发潜力还相当巨大。目前CCD已可达100万像素，据资料可知最高可达1000万像素，可想而知电子内镜在今后的不断发展和完善过程中，它的图像分辨力将会提高多少倍，将会把发现早期病变带入一个崭新的世界。

2.3.4 内窥镜的临床应用

2.3.4.1 腹腔镜

腹腔镜与电子胃镜类似，是一种带有微型摄像头的器械，腹腔镜手术就是利用腹腔镜及其相关器械进行的手术。腹腔镜使用冷光源提供照明,将腹腔镜镜头(直径为 3~10mm)插入腹腔内,运用数字摄像技术使腹腔镜镜头拍摄到的图像通过光导纤维传导至后级信号处理系统,并且实时显示在专用监视器上。然后医生通过监视器屏幕上所显示患者器官不同角度的图像,对病人的病情进行分析判断,并且运用特殊的腹腔镜器械进行手术。

　　腹腔镜分为光学腹腔镜和电子腹腔镜。光学腹腔镜一般直径为 10mm,镜面视角有 0° 和 30° 两种,微型直径 2mm,长度 30cm,如图 2-26 和图 2-27 所示。30°内镜的优点是可以通过转动镜身使其镜面向不同方向改变,在摄像头位置保持不变的情况下,腹腔镜镜面向下就可以看到深部脏器,旋转 180° 使镜面向上就可清楚看到前腹壁。

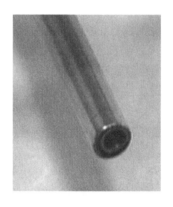

图 2-26　0°镜

图 2-27　30°镜

电子腹腔镜(见图 2-28)前端采用特制透镜及 CCD 芯片设计,与传统光学腹腔镜相比，其优越的性能表现在：

（1）摄像头只需很少镜片组成，它不需要多组转像系统和目镜，为此极大地减少了光能量被吸收和镜片表面反射光的损失。

（2）电子腹腔镜光学系统与传统腹腔镜相比，因其参与成像的透镜极少，使得在同等照明下，光能量损失降到了最小状态，从而获得了更加清晰、自然的图像。

（3）为使手术图像达到最佳效果，特别设计了 5 片透镜组成的 CCD 摄像镜头，它具有大视场、无渐晕、畸变小、高分辨率、高清晰度和大景深的特性。

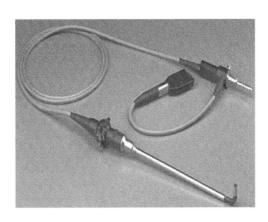

图 2-28　电子腹腔镜

腹腔镜手术多采用 2~4 孔操作法，其中一个开在人体的肚脐上，避免在病人腹腔部位留下长条状的疤痕，恢复后，仅在腹腔部位留有 1~3 个 0.5~1cm 的线状疤痕，可以说是创面小、痛楚小的手术，因此也有人称之为"钥匙孔"手术。腹腔镜手术的开展，减轻了病人开刀的痛楚，同时使病人的恢复期缩短，是近年来发展迅速的一个手术项目。

腹腔镜手术的场地设施与手术情景如图 2-29 和图 2-30 所示。手术医生通过电视显示器可以清楚地了解患者腹腔内的任何细小的病变，对其病情进行分析判断，同时利用他们手里的器械完成各种高难度手术。手术切除范围与治疗效果与传统开放手术等同。同时，巡回护士可以根据医生需要对手术过程进行录像和拍照，把一些重要的图片录入电脑存档，并可随时查阅或拷贝，应用于教学、科研。

腹腔镜手术过程分为四个步骤：

（1）制造人工气腹。于脐轮下缘切开皮肤 1cm，由切口处以 45°插入气腹针，回抽无血后接一针管，若生理盐水顺利流入，说明穿刺成功，针头在腹腔内。接 CO_2 充气机，腹腔内注入 CO_2 气体，进气速度不超过 1L/min，总量以 2~3L 为

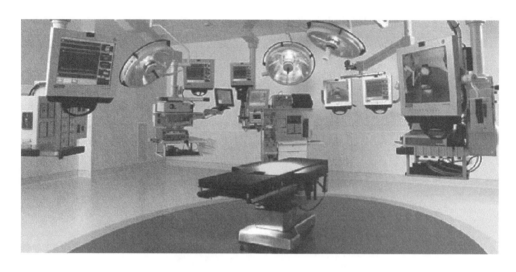

图 2-29　腹腔镜手术场地设施

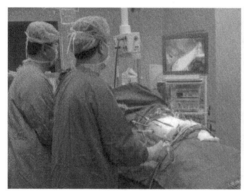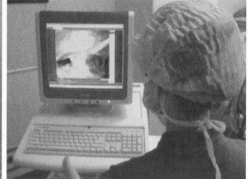

图 2-30　腹腔镜手术情景

宜。形成人工气腹的目的是将腹壁和腹内脏器分开，从而暴露出手术操作空间，如图 2-31 所示。

（2）建立手术通道。如图 2-32 所示，根据手术需要做 2~4 个 5~10mm 手术切口，置入鞘管。目的是提供手术操作通道，便于手术器械的深入和操作。

（3）连接光学系统。将腹腔镜与冷光源、电视摄像系统、录像系统、打印系统连接，经鞘管插入腹腔。通过光学数字转换系统，将腹腔内脏显示在电视屏幕上。

（4）进行手术。根据光学数字转换系统反映在屏幕上的图像，经鞘管插入特殊的腹腔镜手术器械进行手术，如图 2-33 所示。

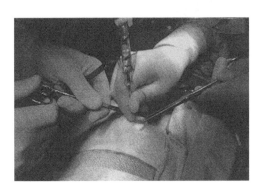

图 2-31 制造人工气腹

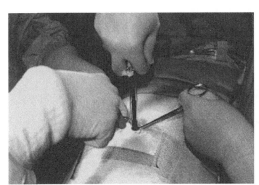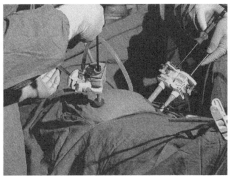

图 2-32 建立手术通道

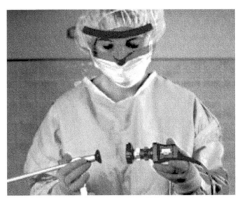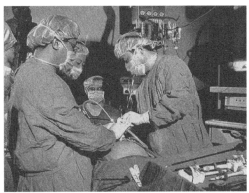

图 2-33 连接光学系统并完成手术

腹腔镜手术与传统手术比较，具备以下优势：

（1）组织损伤的减少。无"开腹术"，腹壁损伤微小；避免手、金属牵引器、纱布堵塞的较大损伤；手不进入腹腔；局部放大功能；腹腔镜手术原则是无血手术。

（2）全身反应轻。手术时间缩短；心脏、肺部功能障碍显著减少；胃肠功能恢复早：从46.5h缩短到5.5h。

（3）手术过程的全程录像和拍照，可随时查阅或拷贝，服务于数据远程医疗，也可应用于教学、科研、培训等活动。

2.3.4.2　电子胃肠镜

电子胃肠镜是一根比圆珠笔略粗的软管（长约100cm），前端装有微型摄像仪，可直接将上消化道食管、胃、十二指肠的图像传到电视屏幕上。电子胃肠镜可供医生诊断分析。医师可以非常清楚地观察胃肠道内部。电子胃镜具有镜身柔软、纤细、视野大、分辨率高、诊断准确的优点，加上良好的术前咽喉麻醉，可达到"无痛"、精确的检查诊断水平。

电子胃肠镜主要由内镜、电视信息系统中心和电视监视器三个主要部分组成。它的成像主要依赖于镜身前端装备的微型图像传感器（CCD），CCD就像一台微型摄像机将图像经过图像处理器处理后，显示在电视监视器的屏幕上。比普通光导纤维内镜的图像清晰、色泽逼真、分辨率更高，而且可供多人同时观看，如图2-34所示。电子胃肠镜还配备一些辅助装置，如录像机、照相机、吸引器以及用来输入各种信息的键盘和诊断治疗所用的各种处置器具等。

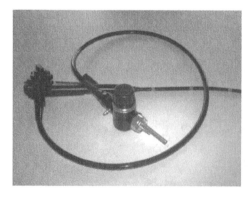 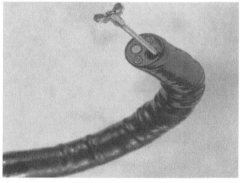

图2-34　电子胃肠镜

2.3.4.3 胶囊内镜

胶囊内镜（胶囊式内窥镜）全称为智能胶囊消化道内镜系统，又称"医用无线内镜"。其工作原理是受检者通过口服内置摄像与信号传输装置的智能胶囊，借助消化道蠕动使之在消化道内运动并拍摄图像，医生利用体外的图像记录仪和影像工作站，了解受检者的整个消化道情况，从而对其病情做出诊断。胶囊内镜具有检查方便、无创伤、无导线、无痛苦、无交叉感染、不影响患者的正常工作等优点，扩展了消化道检查的视野，克服了传统的插入式内镜所具有的耐受性差、不适用于年老体弱和病情危重等缺陷，可作为消化道疾病尤其是小肠疾病诊断的首选方法。

全世界最先研发成功并投入市场的胶囊内镜有两种：以色列 Given 公司的 Pillcom 胶囊内镜和中国重庆金山科技（集团）有限公司的 OMOM 胶囊内镜。两种胶囊内镜的对比见表 2-3。

表 2-3 国产 OMOM 胶囊内镜与以色列胶囊内镜的比较

产品指标	OMOM 胶囊内镜	以色列胶囊内镜
进入市场时间	2005 年	2001 年
图像分辨率	30 万（最高）	9 万
拍摄频率	2 帧/秒（最快）	2 帧/秒（最快）
工作方式	数字双工多通道无线传输	模拟单工无线传输
受控性	可以	不能
实时监控	可以	不能
存储体	CF 卡（轻、小）	硬盘（重、大）
设备使用	一台设备多人同时使用	一台设备一人使用
检查费（平均）	3000 元左右	7000 元左右

胶囊内镜系统由智能胶囊、图像记录仪、影像工作站和手持无线监视仪（选配）组成。图 2-35 所示为由我国重庆金山科技（集团）有限公司于 2004 年研制成功的国产 OMOM 胶囊内镜医疗系统。图 2-36 所示为智能胶囊的内部结构。

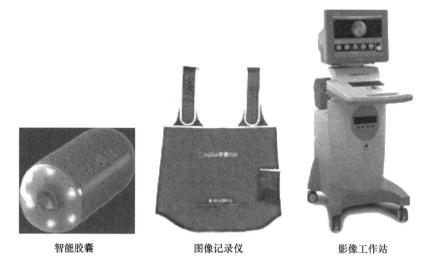

智能胶囊　　　　　　　图像记录仪　　　　　　　影像工作站

图 2-35　OMOM 胶囊内镜构造

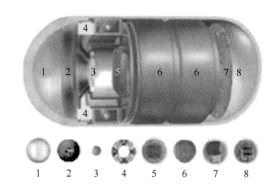

图 2-36　智能胶囊的结构

1—光学透明罩；2—镜头支架；3—光学镜头；4—发光体 LED；
5—CMOS 摄像头；6—电池；7—ASIC 无线信号发送器；8—天线

　　胶囊内镜由吞入的内镜胶囊在胃肠道内的移动过程中摄取图像，通过传感器无线传送到记录仪并记录的检查方法，其优点在于避免了传统胃镜检查的生理痛苦，也使检查结果更加精确，简便易操作，且胶囊在体内检查时，可照常工作学习，如图 2-37 所示。同时，胶囊胃镜还可以检查到以前根本检查不到的近 7m 长的小肠内壁情况。整个相似图片排除处理过程只需 10～15min，能排除一半以上患者相似图片，使医生的读片时间缩短到最快只需 15min，大大减少医生阅片时间，减轻医生工作量。

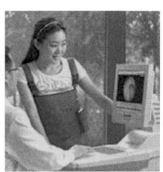

吞服胶囊　　　　　　　拍摄记录　　　　　　　回放观察

图 2-37　检查流程

　　总之，胶囊内镜的问世为小肠疾病的诊治带来了突破，使"早期发现、早期诊断、早期治疗"得以实现。

3 医疗诊断图像的深度学习

3.1 深度学习

3.1.1 机器学习与深度学习

学习是人类具有的一种重要智能行为。机器学习（machine learning，ML），顾名思义，是研究如何使用机器来模拟人类学习活动的一门典型的多领域交叉学科，涉及概率论、统计学、逼近论、凸分析、算法复杂度理论等多门学科，专门研究计算机怎样模拟或实现人类的学习行为，以获取新的知识或技能，重新组织已有的知识结构使之不断改善自身的性能。

那么，机器能否像人类一样具有学习能力呢？1959年，美国的塞缪尔（Samuel）设计了一个下棋程序，这个程序具有学习能力，它可以在不断的对弈中改善自己的棋艺。4年后，这个程序战胜了设计者本人；又过了3年，这个程序战胜了美国一名保持8年之久的常胜不败的冠军。这个程序向人们展示了机器学习的能力，但又提出了许多令人深思的社会问题与哲学问题：机器的能力是否能超过人类？很多持否定意见的人的一个主要论据是机器是人造的，其性能和动作完全是由设计者规定的，因此无论如何其能力也不会超过设计者本人。这种意见对不具备学习能力的机器来说的确是对的，可是对具备学习能力的机器就值得考虑了，因为这种机器的能力在应用中不断地提高，过一段时间之后，设计者本人也不知它的能力到了何种水平。

无独有偶，由谷歌（Google）旗下 DeepMind 公司戴密斯·哈萨比斯领衔的团队开发的阿尔法围棋（AlphaGo），是第一个击败人类职业围棋选手、第一个战胜围棋世界冠军的人工智能机器人，其主要工作原理就是"深度学习"（deep learning）。

2016年3月，阿尔法围棋与围棋世界冠军、职业九段棋手李世石进行围棋人机大战，以4比1的总比分获胜；2016年末2017年初，该程序在中国棋类网站上以"大师"（Master）为注册账号与中日韩数十位围棋高手进行快棋对决，连续60局无一败绩；2017年5月，在中国乌镇围棋峰会上，它与排名世界第一的世界围棋冠军柯洁对战，以3比0的总比分获胜。围棋界公认阿尔法围棋的棋力已经超过人类职业围棋顶尖水平，在"Go Ratings"网站公布的世界职业围棋排名中，其等级分曾超过排名人类第一的棋手柯洁。

2017 年 5 月 27 日，在柯洁与阿尔法围棋的人机大战之后，阿尔法围棋团队宣布阿尔法围棋将不再参加围棋比赛，将进一步探索医疗领域，利用人工智能技术攻克现实现代医学中存在的种种难题。2017 年 10 月 18 日，DeepMind 团队公布了最强版阿尔法围棋，代号 AlphaGo Zero。2017 年 7 月 18 日，教育部、国家语委在北京发布《中国语言生活状况报告（2017）》，"阿尔法围棋"入选 2016年度中国媒体十大新词。

深度学习是机器学习研究中的一个新的领域，在传统机器学习中，手工设计特征对学习效果很重要，但是特征工程非常烦琐。而深度学习具备从大数据中自动学习的特征，这也是深度学习在大数据时代受欢迎的一大原因。深度学习的概念源于人工神经网络的研究。类似于人工神经网络，含多个输入层、隐层以及输出层的多层感知器就是深度学习的基本结构，从一个输入中产生一个输出所涉及的计算可以通过一个流向图来表示，如图 3-1 所示。在这种图中每一个节点表示一个基本的计算和一个计算的值（计算的结果能够输出到这个节点的下一层子节点上）。这样一个计算集合在每一个节点和可能的图结构中定义一个函数族，如输入节点没有父亲，输出节点就没有孩子。这种流向图的一个特别属性是深度学习的深度（depth），即从一个输入到一个输出的最长路径的长度。传统的前馈神经网络能够被看做拥有等于层数的深度（比如对于输出层为隐层数加 1），而深度学习的深度比传统神经网络要更加抽象与复杂。

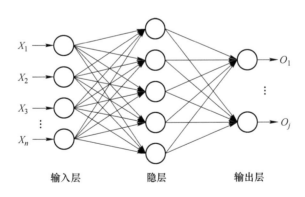

图 3-1　人工神经网络结构

由此看来，深度学习本身是神经网络算法的衍生，其动机在于建立、模拟人脑进行分析学习的神经网络，它模仿人脑的机制来解释数据，例如图像、声音和文本。目前，深度学习已成功应用于计算机视觉、语音识别以及语言处理等许多领域，如微软研究人员通过与深度学习之父 Geoffrey Hintion 合作，率先将人工智能算法 RBM 和 DBN 引入到语音识别声学模型训练中，并且在大词汇量语音识别系统中获得巨大成功，使得语音识别的错误率相对减小 30%。但是，DNN 还没有有效的并行快速算法，很多研究机构都是在利用大规模数据语料通过 GPU 云计算平台提高 DNN 声学模型的训练效率。在国际上，IBM、Google 等公司都快速进行了 DNN 语音识别的研究，并且速度提升很多；国内，科大讯飞、百度、中科院自动化所等公司或研究单位，也在进行深度学习在语音识别上的研究。深度学习的应用场景如图 3-2 所示。

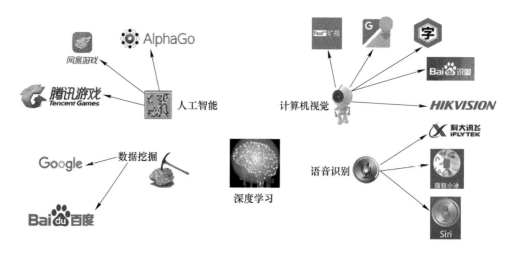

图 3-2　深度学习的应用场景

3.1.2　人工智能的深度学习

1956 年 8 月，在美国汉诺斯小镇宁静的达特茅斯学院中，John McCarthy、Marvin Minsky（人工智能与认知学专家）、Claude Shannon（信息论的创始人）、Allen Newell（计算机科学家）、Herbert Simon（诺贝尔经济学奖得主）等科学家聚集在一起，讨论着一个完全不食人间烟火的主题：梦想着用当时刚刚出现的计算机来构造复杂的、拥有与人类智慧同样本质特性的机器。会议足足开了两个月的时间，虽然大家没有达成普遍的共识，但是却为会议讨论的内容起了一个名字：人工智能（artificial intelligence，AI）。因此，1956 年也就成为了人工智能元年。

从此以后，人工智能就一直萦绕于人们的脑海之中，研究者们发展了众多理论和原理，人工智能的概念也随之扩展，并在科研实验室中慢慢孵化。著名的美国斯坦福大学人工智能研究中心尼尔逊教授对人工智能下了这样一个定义："人工智能是关于知识的学科——怎样表示知识以及怎样获得知识并使用知识的科学。"而美国麻省理工学院的温斯顿教授认为："人工智能就是研究如何使计算机去做过去只有人才能做的智能工作。"这些说法反映了人工智能学科的基本思想和基本内容,即人工智能是研究、开发用于模拟、延伸和扩展人的智能的理论、方法、技术及应用系统的一门新的技术科学。

人工智能是计算机科学的一个分支,也被认为是 21 世纪三大尖端技术(基因工程、纳米科学、人工智能)之一。这是因为近三十年来它获得了迅速的发展,在很多学科领域都获得了广泛应用,并取得了丰硕的成果,人工智能已逐步成为一个独立的分支,无论在理论和实践上都已自成一个系统。它企图了解智能的实质,并生产出一种新的能以人类智能相似的方式做出反应的智能机器。该领域的研究包括机器人、语言识别、图像识别、自然语言处理和专家系统等。人工智能从诞生以来,理论和技术日益成熟,应用领域也不断扩大,可以设想,未来人工智能带来的科技产品将会是人类智慧的"容器"。

2012 年以后,得益于数据量的上涨、运算力的提升和机器学习新算法(深度学习)的出现,人工智能开始大爆发。2017 年 7 月 6 日,据职场社交平台 LinkedIn(领英)重磅发布的《全球 AI 领域人才报告》显示,截至 2017 年一季度,基于领英平台的全球 AI 领域技术人才数量超过 190 万人。目前,国内人工智能人才缺口达到 500 多万人。

机器学习是一种实现人工智能的方法,深度学习是一种实现机器学习的技术。它们三者的关系如图 3-3 所示。

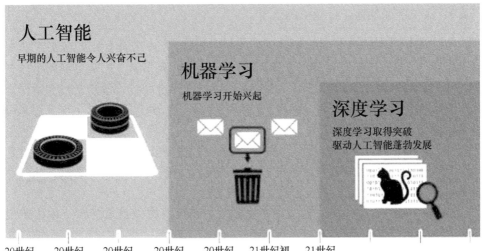

图 3-3 人工智能、机器学习与深度学习的关系

深度学习三巨头 Yann LeCun、Yoshua Bengio 和 Geoffrey Hinton 于 2015 年 5 月底发表于"Nature"的综述文章"Deep Learning"表明，深度学习算法已经成为解决各种行业问题、赋予应用智能的关键技术之一，即便从整个自然科学界来看，深度学习对人类未来的发展也是影响深远。

经过多年的演进，人工智能发展进入了新阶段。为抢抓人工智能发展的重大战略机遇，构筑我国人工智能发展的先发优势，加快建设创新型国家和世界科技强国，2017 年 7 月 8 日，国务院印发了《新一代人工智能发展规划》。《规划》提出了面向 2030 年我国新一代人工智能发展的指导思想、战略目标、重点任务和保障措施，为我国人工智能的进一步加速发展奠定了重要基础。2017 年 11 月 15 日，由科技部、发改委、财政部、教育部、工信部、中科院、工程院、军委科技委、中国科协等 15 个部门构成的新一代人工智能发展规划推进办公室应运而生，着力推进项目、基地、人才统筹布局。与此同时，打造国家级专家库。由潘云鹤院士任组长，包括陈纯院士、李未院士、高文院士等 27 名顶级专家在内的新一代人工智能战略咨询委员会也宣布成立。经充分调研和论证，确定了首批国家新一代人工智能开放创新平台，分别依托百度、阿里云、腾讯、科大讯飞公司，建设自动驾驶、城市大脑、医疗影像、智能语音 4 家国家新一代人工智能开放创新平台。

3.2　人工智能在医疗中的应用案例

3.2.1　人工智能在医疗行业中的发展

人工智能在医疗行业的应用最早可以追溯到 20 世纪 70 年代兴起的医疗"专家系统"。它是通过将已有的医学知识输入到计算机程序中，在一定规则下根据病情进行推理和判断，模拟真实场景中的诊疗过程，进而给出诊断结果和治疗方案。著名的例子就是 Stanford 开发的 MYCIN 系统，这是一种帮助医生对细菌感染患者进行诊断并开出抗生素处方的医疗咨询系统。通常，对感染细菌种类进行鉴别需要 24~48h 或更长时间，而 MYCIN 系统可以通过不完全的临床信息进行快速诊断和抗生素治疗，结合医生的判断，能满足一些及时的医疗需求，MYCIN 系统在感染诊疗方面的水平已经比相关专家更高。

随后的 80~90 年代，这类医疗专家系统如雨后春笋般蓬勃发展，国内的专家系统也是这时候才开始起步发展并建成了多个细分疾病领域的专家系统，比如：骨肿瘤辅助诊断专家系统、胃癌专断专家系统、心血管病诊断专家系统等。不过，这种专家系统受限于输入知识的局限性，无法很好地扩展到病情复杂、种类繁多的临床阶段，其参考意义也在逐渐下降。

与此同时，计算机辅助诊断（CAD）开始崭露头角。CAD 主要通过影像学、医学图像处理技术和其他的药理学手段，同时应用计算机辅助，以达到提高诊断准确率的目的。其实，CAD 就可以看做是现在 AI 识别医学影像的初级版本。

医疗领域的 AI 应用可以分成四个发展阶段：

（1）感觉认知。现阶段商业化走在前面的医疗 AI 项目，以感觉认知这一类为主。它们的主要功能是对临床的各类影像、检查数据、病例等进行识别和分析，比如 B 超中的胎儿是否健康，血液检测结果是否正常，某个病理是良性还是恶性。图 3-4 所示为 MedyMatch 公司开发的一款基于脑部 CT 扫描图像进行出血位点诊断的 AI 程序。目前人们有一个共识就是，只要经过一定数量的数据训练，电脑在这种简单数据源的诊断正确率上会远高于普通医生。

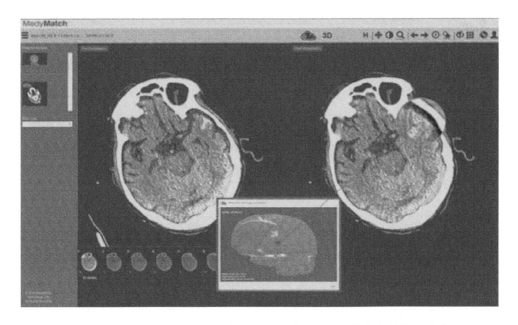

图 3-4　MedyMatch 公司基于脑部 CT 扫描图像进行出血位点诊断的 AI 程序

（2）发现规律。对于某些临床病人，有经验的医生通常能大致判断出其发展和转归，但判断的路径都是比较模糊的，于是就导致他们无法将这种宝贵的经验有效地传递给别的医生，新手掌握相同水平的技能需要摸索很长时间。对于这种在复杂因果中抽象出规律并做出预测的能力，AI 已经有所斩获，如佛罗里达州立大学心理学研究员 Jessica Ribeiro 用 AI 预测 2 年的自杀倾向，准确率高达 80%~90%。该方法在越接近某人的可能自杀日期时还会变得更加准确。当 AI 有了这个能力后，发现自杀倾向的这个原本说不清的"经验"，变成了可预测且使用越多准确率越高。再如普渡大学科学家研究出了可预测急性骨髓性白血病病情发展的 AI 程序，如图 3-5 所示。

图 3-5　普渡大学科学家研究出的可预测急性骨髓性白血病病情发展的 AI 程序

（3）辅助决策。这是 IBM 的 "Waston" 医生想做的事情，即从大量的病例、指南等中去找出最符合一个病人的诊断和治疗方案，给医生做辅助决策参考。IBM Watson 研发的蓝色基因/Q 超级计算机如图 3-6 所示，首批进驻的中国医院有 21 家。

图 3-6　IBM Watson 蓝色基因/Q 超级计算机

（4）反馈执行。如果有了感知，可以发现规律并进行决策，再配上各种各样的机械和其他东西，那就意味着 AI 能够进行执行层面，自主地把任务给完成。在医疗上，最主要的 "执行" 就是手术和给药。根据 Reportlinker 公司数据可知，2014 年，手术机器人全球销量为 978 台，销售额为 30 亿美元。美国 Intuitive Surgical 公司（直觉外科公司）的 Da Vinci（达·芬奇）微创外科手术机器人作为全球唯一大规模应用的手术机器人系统，占据了大部分市场份额。达·芬奇手术机器人自2006年进入中国市场，截至2016年12月底，10年间在中国共装机59台，其中2015年和2016年就新装机28台，近两年装机量增长迅猛，但距美国本土2501台的装机量还有很大差距。据Winter Green Research报告，北美市场目前为最大市场，随着政府医疗投入加大，医疗系统重组和人们对微创手术意识加强，未来市场重心将逐渐往亚洲市场转移。2021年，全球手术机器人市场规模预计将达到200亿美元。2014年上市的第四代达·芬奇手术机器人（XI系列）代表了当前腔镜手术机器人的最高技术水平。随着达·芬奇手术机器人（如图3-7所示）应用的逐步普及，其积累的数据达到一定级别之后，人工智能指挥达·芬奇做手术是可以预期的，当然，还是需要有医生监督并且在必要时接手。至于用药，比如糖尿病人使用胰岛素，完全可以根据即时血糖和其他情况进行即时动态输注，高效便捷。不过，这部分的应用因为受制于硬件的水平，只能逐一突破。

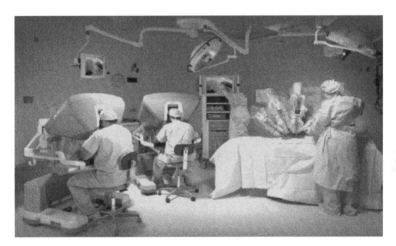

图3-7 达·芬奇外科手术系统

3.2.2 人工智能应用于医疗的案例

3.2.2.1 案例1：IBM用深度学习识别癌变细胞的有丝分裂

诊断癌变细胞时，通常是用活组织切片检查法来分析病人组织样本。分析样本时，会将典型的组织样本用试剂溶液进行着色标记，试剂颜色的深浅及其在细胞组织内的分布情况，预示着疾病种类及恶化程度。

但有时这些组织尤为细小，医学专家需要寻找替代肉眼的方法从中检测出肿瘤细胞消失或癌变的重要特征，方便医生进行下一步决策。就在2016年MICCAI国际会议的"肿瘤扩散评估挑战赛"中，IBM实验室人员用人工智能的方法识别组织样本特性，使确认癌变细胞技术取得重大突破，用深度学习重塑了现代病理学。

3.2.2.2　案例 2：谷歌 DeepMind 将深度学习用于医疗记录、眼部疾病、癌症治疗

2016 年 2 月，谷歌 DeepMind 成立 DeepMind Health 部门，收购了做医疗管理应用的 Hark 公司，结合自己的深度学习专长来改进传统纸质病例的弊端。

7 月，与 Moorfields 眼科医院合作，开发辨识视觉疾病的深度学习系统，以识别老年黄斑变性、糖尿病视网膜病变等眼部疾病的早期征兆，提前预防视觉疾病。

8 月，DeepMind 还用深度学习的算法来设计头颈癌患者放疗疗法，缩短放疗时间、降低放疗伤害。

3.2.2.3　案例 3：英伟达的癌症分布式学习环境计划

决心深潜深度学习的计算机图形芯片制造商英伟达去年宣布，与美国国家癌症研究所和美国能源部合作，开发一套人工智能计算机框架，用于辅助癌症研究。该框架名为"癌症分布式学习环境计划"（Cancer Distributed Learning Environment，CANDLE）。

癌症有千百种，每一种癌症的发病原因又可以有上千种，选择合适的疗法是个大工程。CANDLE 计划会利用深度算法，从医疗行业大量的数据中找出规律与模式，帮助研究者预测某类肿瘤对特定药物的反应及哪些原因导致癌细胞增殖疗等。

3.2.2.4　案例 4：重庆天海医疗设备有限公司的体液检测设备智能检查系统

重庆天海医疗设备有限公司是集现代化数字医疗设备的研发、生产、销售和贸易为一体的集团公司，致力于医疗临床检验、诊断和治疗设备的系列化研发，建立了医疗设备技术基础研究、应用开发和临床实验配套的研发体系，率先开启了体液检测设备智能检查系统。

在常见疾病检验项目中，通过尿液检查是可以检测出泌尿系统疾病和其他各类疾病的。尿沉渣检测是尿液检查的一种，可以对尿液中的有形成分进行检测，如红细胞、白细胞、结晶、上皮细胞、管型等，从而估算出数量，对疾病筛查和诊断。传统尿沉渣分析需要人工镜检，首先，医务人员应通过用低倍物镜观察样本来筛查需要检测的有形成分样本，然后再用高倍镜进一步检测。这不但增加了检测时间，还对人员的工作经验和工作能力提出了较高要求。另外，白带清洁度检查是常用的医疗检测手段，可以检测出妇科炎症、阴道滴虫等疾病，同时也用于辅助检测其他类型的疾病。传统的白带检测分析主要是由专业的医务人员运用

高倍显微镜进行检测，这对医务人员的工作经验和工作强度提出了要求。

随着医疗水平的提高和人工智能的应用，尿液、白带等的自动化分析检测受到越来越多的关注。目前，医务人员可以通过人工智能影像技术的自动染色、识别直接得到检测的数据和结果，大大降低了分析判断的难度，提高了整个检测过程的效率和准确性。图 3-8 所示为图像自动识别分析软件。

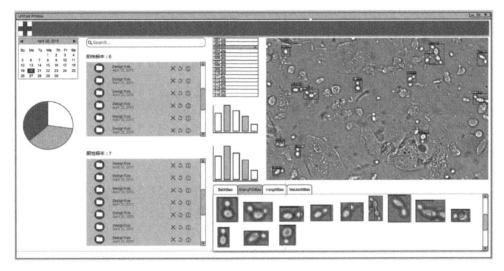

图 3-8 图像自动识别分析软件

4 医院信息化系统

4.1 HIS 的定义

HIS 是医院信息系统（Hospital Information System）的简称，该系统在国际学术界已公认为新兴的医学信息学（medical informatics）的重要分支。美国该领域的著名教授 Morris F. Collen 于 1988 年曾定义了医院信息系统：利用电子计算机和通信设备，为医院所属各部门提供病人诊疗信息和行政管理信息的收集、存储、处理、提取和数据交换的能力，并满足所有授权用户的功能需求。我国卫生部印发的《医院信息系统基本功能规范》对医院信息系统的定义为：利用计算机软硬件技术、网络通信技术等现代化手段，对医院及其所属各部门对人流、物流、财流进行综合管理，对在医疗活动各阶段中产生的数据进行采集、存储、处理、提取、传输、汇总、加工生成各种信息，从而为医院的整体运行提供全面的、自动化的管理及各种服务的信息系统。

4.2 HIS 的组成及案例

4.2.1 HIS 的组成

医院信息化系统只是一个统称，本质是将医院各科室的系统进行整合，使其互联互通，共同织成一张能够覆盖整个医院的信息大网。通过系统间的信息共享，避免了信息孤岛，方便其他科室进行信息调用，提高了医院整体管理水平和工作效率，不仅优化了流程还减少了人为的误操作，有效地提升了医院服务质量和患者满意度。医院信息系统主要由以下系统组成：

（1）医学影像存档与通信系统（PACS）医学影像存档与通信系统（picture archiving and communication systems，PACS），是近年来随着数字成像技术、计算机技术和网络技术的进步而迅速发展起来的，旨在全面解决医学图像的获取、显示、存储、传送和管理的综合系统。PACS 在医院影像科室中迅速普及开来。如同计算机与互联网日益深入地影响我们的日常生活，PACS 也在改变着影像科室的运作方式，一种高效率、无胶片化影像系统正在悄然兴起。在这些变化中，PACS 的主要作用有：连接不同的影像设备（CT、MR、XRAY、超声、核医学等），存储与管理图像，图像的调用与后处理。不同的 PACS 在组织与结构上可以有很大的差别，但都必须能完成这三种类型的功能。对于 PACS 的实施，各个部门根据各自所处地区和经济状况的不同而可能有各自的实施方式和实施范围。不管是大型、中型或小型 PACS，其建立不外乎由医学图像获取、大容量数据存储及数据库管理、图像显示和处理以及用于传输影像的网络等多个部分组成，保证 PACS 成为全开放式系统的重要的网络标准和协议 DICOM3.0。

（2）电子病历（EMR）。电子病历（Electronic Medical Record，EMR）也称为计算机化的病案系统或基于计算机的病人记录（computer-based patient record，CPR）。它是用电子设备（计算机、健康卡等）保存、管理、传输和重现的数字化的病人的医疗记录，取代手写纸张病历。它的内容包括纸张病历的所有信息。美国国立医学研究所将其定义为：EMR 是基于一个特定系统的电子化病人记录，该系统提供用户访问完整准确的数据、警示、提示和临床决策支持系统的能力。

（3）区域医疗系统。随着中国新医改的推进，医疗卫生行业正受到前所未有的重视，医疗信息化建设逐渐成为 IT 市场的热点之一。实现以人为本的医疗服务体系，是新医改方案明确提出的目标。发展区域医疗，实现区域卫生信息化，建立电子健康档案，整合医疗卫生信息资源，是实现目标的关键工作。

（4）移动护理系统。移动护理（mobile nursing）系统以无线网络为依托，使用手持数据终端（EDA），将医院各种信息管理系统通过无线网络与 EDA 连接，实现护理人员在病床边实时输入、查询、修改病人的基本信息、医嘱信息、生命体征等功能。可快速检索病人的护理、营养、检查、化验等临床检查报告信息。移动护理系统还可以将二维条码标识技术应用于病人腕带，通过 EDA 附加的条码识别设备扫描腕带信息，准确地完成出入院、临床治疗、检查、手术、急救等不同情况下的病人识别。

（5）临床路径系统。临床路径（clinical pathway）的概念源自美国工业管理概念，自 20 世纪 80 年代引入医学界后，并逐渐成为既能贯彻医院质量管理标准，又能节约资源的医疗标准化模式。临床路径管理是兼顾医疗质量管理和效率管理的现代医疗管理重要手段，为保证临床路径管理试点工作的顺利开展，我国卫生部于 2010 年 1 月 8 日召开全国临床路径管理试点工作会议，并由卫生部医政司已下发 112 个病种的临床路径。

随着新医改的逐步推进，由路径知识库、临床路径执行平台、质控管理平台、绩效平台以医疗软件为基础建立的临床路径系统，将以电子病历系统为依托，与其他医疗信息系统相互融合，转变常规诊疗模式，规范医生诊疗活动，不断持续的改进医疗质量。

（6）供应室追溯系统。供应室追溯管理系统通过 RFID 射频（或条码）技术结合院内无线网络以及 PDA 终端实时监控包盘状态，使包盘每个环节可控，并将目前市场主流的物流管理思想加入系统中，能够实时跟踪包盘状态，方便查询问题包盘及相关责任人。同时，系统能够对管理人员实时提供所关心的预警信息，如包盘数量预警、包盘过期预警、包盘灭菌异常预警等。更重要的是，系统引入了工作流的理念，将供应室的管理工作通过工作流模式进行流程再造，从而形成了系统特色。

（7）体检软件系统。体检管理系统对医院体检中心进行系统化和规范化的管理，大大提高体检中心的综合管理水平、工作效率。系统从业务数据的采集、输入、处理、加工和输出全由计算机来引领整个体检过程。为体检中心进一步实施客户健康管理服务和体检中心业务及行政管理的优化，提供了强有力的信息化支持。体检管理系统为了能够适应不同体检中心的不同需求，系统的许多功能都可以灵活设置，包括体检科室、体检项目、体检套餐、各种模板、体检常见结果、体检建议、常见疾病、报告格式等。

（8）LIS系统。LIS系统配合医生工作站，完成检验过程管理功能，包括检验申请、标本采集管理、标本核收、标本重做、无主标本处理、结果填写及报告审核等，以及各类检验数据的分析统计，同时还能完成对病人费用的查询和补充等。可与中联公司的ZLHIS一体化设计，为医院提供完整的、低成本的检验系统解决方案，提供病人历次检验结果对比、标本自动拆分/合并功能、标本的单个和批量审核功能以及自动接收并解析仪器数据功能。

4.2.2　HIS案例

下面就现代医院的几个主要部门以案例的形式具体介绍HIS。

4.2.2.1　案例1：门急诊部分

门急诊部分主要包含医疗卡管理、挂号预约系统、门诊分诊系统、门诊医生工作站、门诊收费系统、门诊发药系统、急诊留观系统。

门诊业务子系统包括门诊的各项日常业务，如：挂号（改号、退号），开处方/检查单（处方/检查单修改）、划价、收费（退费）、药房取药（退药）、医技项目检查、留院观察和门诊病案处理等。费用计账不属于该系统范畴，归财务处理，该系统提供财务上必须的报表与凭证。门诊药房的入库由中心药库进行处理，门诊药房只处理药品的出库。

（1）挂号预约系统。为解决门诊量大、难挂号问题，开展预约挂号（实名制、分时段预约挂号系统），挂号分为多种预约挂号方式。预约挂号途径如：电话预约、医院网上预约、智能手机预约、现场自助预约、医生诊室预约、挂号窗口预约等。通过网上预约页面能够进行网上预约挂号，查询专家、专科时间以及健康体检结果，这种网上服务拓展了医疗服务空间。

（2）门诊医生工作站。门诊医生工作站包括门诊划价、划价修改、模板维护等。

1）门诊划价。根据号别对病人进行划价，完成各种处方的录入，提供了使用处方模板进行开方的功能。

2）划价修改。提供了基于日期和号别对处方修改的功能。

3）模板维护。可以对常见的、流行的、多发的疾病制定模板，并录入相应药品组合，使用时直接调出这个模板就可以了，省时、省力、方便、快捷。

4）医生工作站模块还包括各种统计报表和相关查询。

（3）门诊分诊系统。为减少患者在候诊过程中的吵闹，引导患者有序候诊、排队就诊，引入智能分诊排队叫号系统，可采用自动分诊或手工二次分诊模式，通过液晶电视显示呼叫患者排队就诊，应用于各门诊诊区、药房发药、检查科室等候区等。各类电子分诊屏应用于各就诊环节，信息一目了然。

（4）门诊收费管理系统。门诊收费管理系统可以实现病人挂号，病人资料以及处方信息的录入，处方划价、诊疗项目划价、收费、退费、统计、查询以及收费员的日结、月结等。收费划价可合二为一，也可单独使用，方便快捷；同时又可同农合、医保无缝对接。

门诊收费系统分为分层收费和自助缴费结算系统。为方便患者，除在门诊各楼层设置收费结算窗口外，各收费窗实现挂号收费一站式服务，各个窗口既可办理挂号业务，也可办理缴费业务。

（5）门诊药房管理系统。门诊药房管理系统主要是核对病人处方是否取药退药；药品库存查询统计以及自动冲减，实现药房数量化管理；同时又能完成对发药人员工作量的统计。

处方信息通过网络传到药房自动发药机进行预先自动摆药，让病人坐下来等候，减少焦虑。这一方面主要是要做到以病人为中心，加强药品管理。

4.2.2.2 案例2：药品部分

药品部分分为药库管理系统、临床药局系统、门诊药局系统、科室小药柜摆药系统、处方录入程序、制剂室管理。包括以下功能：

（1）从医院外流入的药品，以采购价入库。

（2）药房请领和药房退药。

（3）常备药出库和病房退药。

（4）出库（包括损耗，批条，处方，摆药，代购等），以零售价流出到病人。

（5）药品调拨。

4.2.2.3 案例 3：设备物资管理

设备物资管理分为设备管理系统、物资管理系统、供应室管理系统。

物资、维修管理子系统包含物资采购入库、验收、生成物资总账，接收物资请领出库，物资采购建卡，退货处理，物资入出月报。供应室向器械库做批次请领，产生本室材料库存卫生材料（棉球、敷料等）生产单，产生供应室材料库存，接收指定科室材料申请（产生材料消耗数量、金额）请领科应建立材料成本账目，进入科室核算成本。接收手术室、处置室、换药室的器械消毒申请，安排消毒杀菌，建立记录，核算成本。

4.2.2.4 案例 4：院长综合查询与辅助决策系统

院长综合查询与辅助决策系统为院长提供了各类实时信息查询与历史信息查询，并提供了信息分析支持（信息中心提供），同时为院长提供院长工作日志功能，并能帮助院长及时记录分析总结信息。

4.3 国内外发展现状

20 世纪中叶，美国就已经将医学的财务管理方面与计算机相结合，让计算机处理比较大的财务数据，并成功地解放了医院会计师的庞大工作量，而且也提高了其工作效率。随后，美国医疗行业开始将目光投向 HIS 领域。早在 20 世纪 60 年代，麻省总医院就开发了 COSTAR 数字医疗系统，到今天已经有五十多年的历史。在 20 世纪 80 年代，美国相关部门对当时全国医院的数据系统做了一项调查，有调查结构显示：近 80% 的大医院是通过电脑对医疗费用进行结算，70% 的医院利用计算机对病人进行入院挂号和登记，这其中有 10% 的医院完全通过计算机来处理 HIS。而这个时候，我国还并没有完善的医院信息系统。进入 21 世纪，美国有近 20% 的医疗机构已经完成计算机操控的 HIS。

在医疗方面有关技术的不断突破进步后，美国当前使用的技术主要有以下几类：

（1）无线局域网。网络数据的普及可以为医院提供很多便利：能够实时地对病患进行照料，对病人的需求可以提供快速的反应，以提高医院的服务质量；医院可以对病患的医疗信息进行实时确认，并保证信息数据的可靠性；不仅加快了整个工作流程，还让医院的服务质量得到显著提高。

（2）RFID。RFID 就是电子标签，医院方面为了方便辨识病患的资料和医疗背景，让医生更好地进行管理和分类这些病人，将他们更有效地编入系统之中，这样就是在找不到病人的情况下，也能通过这种电子标签来实现定位。

（3）掌上医院。这是一种类似于手机软件的一种系统，通过这种系统，病人整个医疗信息都会清晰地展示在系统上面，同时病人仅仅通过手机就可以知道自己每时每刻的理疗情况，而且这个平台还提供了一种病人和主治医生进行线下交流的机会。

（4）数码笔。这是一种可以连接电脑，并将其扫描得到的数据传达给整个系统的一种现代化科学技术，这种笔不仅可以扫描用户需要的信息，还能将用户以前的信息储存起来。在每次使用它时候，无论用的多大的力度来书写的这些数据，都会被这支笔记录下来。

（5）PDA。类似于小型计算机，将医疗机构的所有医疗信息进行数据管理起来，这种设备广泛应用于欧美国家的医疗机构，这种数据处理设备将自己需要的用户资料储存在医院的系统之中，在医生需要的时候随时拿出来使用。而且该系统的信息化水平相对较高，数据的更新速度相当快。

日本在 HIS 方面的发展也一直处于领先地位，在五十多年前，日本的医疗机构就已经开始利用其发达的计算机技术来提高自己医院内部医疗信息和财务信息的汇总工作。在 20 世纪 70 年代，日本大部分的大型医疗机构已经着手构造自己的信息管理系统。十年之后，日本医疗机构的 HIS 发展已经进入快速的阶段，其技术也不断成熟，而且得到了大量普及。

根据 20 世纪 90 年代的数据统计显示，日本医院关于 HIS 的发展路线已经有好几种。由于该系统是通过计算机操控的，可以进行全天工作，大大加快了医院的工作速率。一般日本医院的信息系统都是在外界市场上的计算机公司那里购买的，这些公司会有特定的部门来专门对医疗机构的信息处理技术进行研发，不过也会有一些日本医院自主研发自己的信息管理系统。虽然这些系统的研发成本和工作成本都不低，但是他们为医院带来的效益远远超过这些数字。正是由于日本政府对信息技术发展的重视，日本已经将通信技术和医疗共享等技术普及到全国每一家医院的就诊环节。日本的癌症治疗项目已在全国几十座城市建立网络中心，将他们所有的医疗机构的信息实现共享，并在特殊的情况下，通过移动设备进行会议交谈。

欧洲在 HIS 方面的发展相对于日本和美国来说，起步较晚。在 20 世纪 70 年代末，欧洲国家才开始建设 HIS 系统。欧洲 HIS 系统的发展思路与美国和日本不同的是，他们并没有将系统进行核心化控制，而是实现一些地域自己的系统信息的集中管理，就像丹麦的信息系统管理下面区域内的所有医疗机构，而不是每家医院都有自己的信息管理系统，法国的医疗管理中心也能通过自己的系统来管理下面的数家医院的数据和信息。现在欧盟的中心国家都开始意识到 HIS 的发展重要性，通入大量资金来推动其国家的 HIS 发展。

进入 21 世纪以来，欧洲各国家政府已经对医院信息系统的建设投入大量资金来吸引人才，在以德国和法国为首的国家提议一项关于提高信息技术的战略，该战略虽然以提高经济发展为主，但是其主要核心还是提高国家医疗机构的信息技术化水平。依据相关的机构研究表明，欧洲的医疗机构正在慢慢利用电子病历来记录患者的医疗信息，这样不仅提高病人资料的可靠性，而且也能有效避免了由于人工的失误而导致的信息错误，并且加快了对于病患信息的录入速度。欧洲各国的电子病历主要由以下两种方案进行普及，第一种就是完全靠医生来实施这种电子病历，让自己所有的病患都使用；第二种就是政府利用法规来规定每一位医生使用这种病例，这样会大大加快电子病历的普及速度。

目前，我国大部分医疗机构 HIS 系统落后于欧美日等发达国家，尤其是信息技术在医疗技术上的应用。国内好多医院虽然也有大量计算机系统，但是他们一般仅仅用来查询医疗机构的历史信息和工作流程，并没有多少是关于医疗技术方面的，尤其在医生动手术的时候，无法利用这些系统来进行参考操作。所以，对于我国的医疗信息管理建设，还要有国家和各大医疗机构共同努力才能缩短与欧美各国的差距。同时，我国各医院、各部门之间的 HIS 硬软件建设水平参差不齐，甚至缺乏，导致了"信息孤岛"现象的出现。

4.4　HIS 优化设计案例

4.4.1　概述

基于我国医疗机构 HIS 系统建设的实际情况，作者开展了重庆市三甲医院 HIS 系统调研及设计项目。该项目通过对重庆市三甲医院信息化程度进行调研，从中抽取三家医院，进行挂号流程、无纸化办公程度、互联网诊断工程进度、远程医疗普及度进行分析，拟优化设计一套三甲医院的 HIS 体系。

4.4.2　实战案例：重庆市三甲医院 HIS 系统调研及设计

4.4.2.1　调研

调研的对象主要是重庆市相对有名的 14 家三甲医院，如陆军军医大学西南医院、陆军军医大学新桥医院、陆军军医大学大坪医院、重庆医科大学附属口腔医院、重庆市人民医院、武警重庆总队医院、解放军 324 医院、重庆医科大学附属第一医院、重庆医科大学附属第二医院、重庆医科大学附属儿童医院、重庆市急救医疗中心、重庆市肿瘤医院、重庆市中医院等。

图 4-1 为重庆市某三甲医院患者从挂号就诊、检车、缴费、治疗到离开的流程示意图，也代表着我国大部分医院患者就医的常规流程。如果在此过程中，单纯依靠手工完成，会造成效率的大大降低以及经常出错的现象。目前，重庆市大

部分医院存在一个问题，就是挂号、收费、检查等待时间长，如果医院 HIS 系统搭建完善，可以大大缩短、减轻病患者的就诊时间及痛苦。

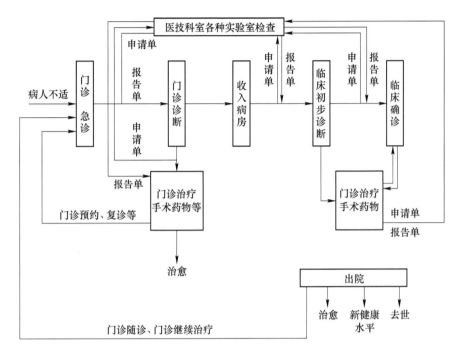

图 4-1 三甲医院就诊流程示意图

公民评判一个医院的综合评分往往体现在医院的医生医术是否高明、医护人员的服务态度以及就医过程中是否方便快捷。如果单纯提高一方面是不足以提升公众对于医院的满意度的。HIS 系统创建的目的就是为了提升医院的服务效率、服务质量。现代医院需要建立、完善医院信息系统（HIS）、医学图像存储传输系统（PACS）、实验室信息系统（LIS）等医院信息管理等硬软件，形成管理、服务全覆盖网络，理想的 HIS 系统如图 4-2 所示。

4.4.2.2 优化 HIS 系统

针对现有三甲医院存在的问题，从门诊业务流程、住院流程以及检验业务流程三个医院最主要的流程开展优化设计，优化结果如下：

（1）门诊业务流程优化。目前，三甲医院门诊业务流程普遍的问题：一是病人就诊时间过度集中；二是就诊流程过于复杂，门诊病人需要反复在各个部门之间排队、缴费、诊断；这两个原因导致就医时间过长。根据调查显示，一般一位患者就医，从挂号到离开平均需要 157.2min，诊断时间为 18.89min，可想而

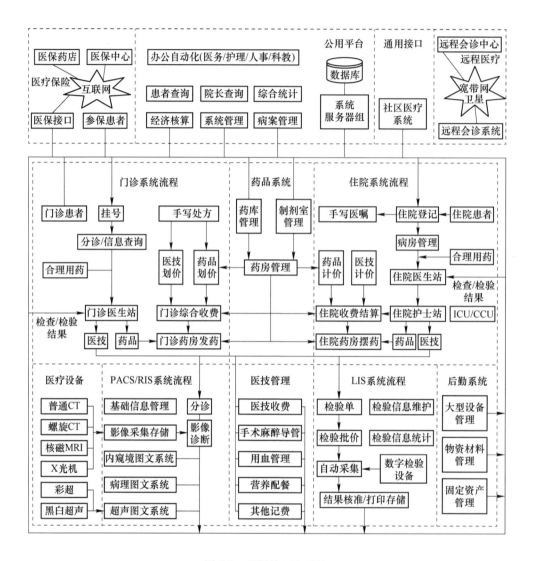

图 4-2   理想的 HIS 系统

知这期间的大部分时间是无用的，浪费在了烦琐的流程中，而病人去医院看病更多应该是医患交流，寻找病因和解决方案的。

门诊业务流程优化方案可从下面 8 个方面来改进：

1）引入预约分段挂号和分诊挂号的挂号方法。首先，开通网络挂号、电话挂号等预约挂号渠道解决普通门诊挂号排队时间较长的问题。医院可以提前将各科室的信息公布在官方网站上以供患者参考，并且按照以往就诊的实际情况划分出相应的时间段。患者可根据自己的需求通过网络挂号、电话挂号等方法完成挂号，挂号完成后患者根据预约的时间到门诊就诊，提高挂号的有效性。通过这种方法能够有效地缓解挂号排队时间长、盲目排队等问题，有利于实现医疗资源利用的最大化，为患者的就诊提供支持和保障。

2）预约患者通过自助机进行取号，按照指引完成就诊。患者通过各种预约挂号渠道完成挂号后在指定的时间内到医院服务大厅的自助机取号，凭借挂号信息就诊。挂号单上会为患者提供就诊信息，例如就诊时间、诊室信息等。患者在就诊时需要凭借医院的"一卡通"完成缴费、取药、检查、取检查单等。"一卡通"就是患者的就诊卡，即IC卡，是一种PVC卡片。就诊卡能够保存患者在医院的各类信息，帮助患者完成在医院的检查、就诊和治疗等。患者在就诊时仅需携带这张就诊卡以及病例即可，降低就诊环节的复杂性，为患者降低时间成本。此外，通过诊室、检查室以及药房等地方的划卡缴费能够帮助患者减少排队专门交费的等候时间。此外，借助于就诊卡的使用便于管理病人的信息，提高医院工作的效率和质量。

3）采用HIS叫号维护就诊秩序。就诊等候区的电子显示屏能够显示等候就诊和正在就诊患者的名字以及医师、诊室信息，为患者在等候就诊时提供参考。

4）挂号系统与就诊系统联动。当患者完成挂号时，患者的信息会自动进入就诊系统中，医师能够对等待就诊患者的信息有所了解，从而提高工作效率，减少盲目性。

5）完善门诊医生工作站，提高工作站的有效性。门诊医生工作站的建设和优化能够在短时间内提高就诊过程的效率，使就诊流程更加合理。通过读取就诊卡中的信息，医生能够对患者曾经的就诊记录有所了解。此外，医生工作站为医生提供了电子病历模板，进一步规范就诊流程，并且提高诊疗效率，为医生减少由书写门诊病历所产生的工作量。与此同时，医生工作站具有查询功能，为医生在诊疗过程中提供专业性的参考，从而提高诊疗的有效性。医生对患者的病情充分掌握并且确诊后可以借助于工作站制定相关的治疗方案，工作站能够提供全方面的信息以便医生查阅。工作站可以为医生提供药品有无、各类药品及检查的价格、规格、患者保险等，医生在制定诊疗方案时也可以通过电子模板进行。此外，在药品方面会提示医生相关的配伍禁忌，提高诊治的安全性。借助于工作站的提示医生能够对自身的治疗方案做出评价，并且以此为基础与患者进行沟通，如果患者并不认可当下的治疗方案，医生需要再次做出调整，使其既能达到治疗的目的，又能被患者认可。

6）优化药品管理，提高划价、缴费和取药的便捷性。就诊卡是患者在医院接受诊疗的有效工具，通过就诊卡能够在医院内完成大部分诊疗活动，例如药房缴费、获得发票、取药等。患者对就诊卡的操作与医院各部门之间的系统之间具有联系性，当患者通过就诊卡完成缴费时药房将会收到患者的用药信息，同时为患者准备好药物。将传统的处方划价环节借助于信息系统实现，不需要患者排队划价。患者在缴费过程中药房能够及时接收到相关的信息，并且完成药品的准备工作，大大缩减了工作流程所需的时间，提高了工作效率和质量。

7）借助于实时网络传送完成各项检查、化验等申请。医生在诊治过程中需要相关辅助检查帮助确诊，提高诊治的准确性。将门诊医生工作站和PACS、LIS联系一起，医生在开具医嘱时，相关科室就能够实时接收到信息。患者无需再去收费处缴费，凭借就诊卡即可在相关科室完成费用的缴纳，并且完成辅助检查。如果患者的辅助检查项目较多或者项目具有特殊性检查时，系统会自动提示。此时医生可以根据系统的提示为患者安排合理的检查流程。

8）电子病历自动存档，借助于数据库管理患者的诊疗信息。当患者再次就诊时，医生凭借就诊卡即可获得以往的诊疗记录。

整体优化方案如图4-3所示。

（2）住院流程优化。目前，三甲医院住院流程普遍的问题是：一是病人在不同医院、不同医生看病，其诊疗结果与方案出现不一致的现象；二是等待时间长，存在无价值住院日，造成病人的负担以及疲惫；三是纸质病例利用率低，纸质病历存在其固有的弱点，比如不方便保存，医生文字信息潦草，其他人看不懂等弊端。另外，还有病人的疾病和多个科室有关系，而纸质版病历一般只存档在某一科室内，这就造成了信息传达不及时。

在对住院业务流程进行优化时必须强调信息系统的重要性，要将信息系统应用于住院流程中的每一个环节。患者在住院过程中往往会和医院中多个部门建立联系，例如医疗、护理、辅助科室、财务等。所以，住院医生工作站、护士工作站、LIS、PACS等系统之间必须建立科学合理的联系，提高系统间的协调性。住院业务流程优化体系如图4-4所示。

（3）检验业务流程优化。目前，三甲医院检验业务流程普遍的问题是：一是特殊检验项目出结果等待时间过长；二是还存在人工环节导致的差错，因为检测人员粗心或者工作上失误造成的医疗事故，最近几年屡见不鲜。

在对检验业务流程进行优化时主要是要降低对人工的依赖性，提高工作的效率，优化体系如图4-5所示。

一是将条码化管理覆盖在检验流程的每一个环节中。一方面加强标本采集容器条码化的推广力度；一方面完善检验项目的分类工作，通过条码色彩以及条码号的不同来区分检验项目、检测标本、检测环节以及报告发送结果服务等，为医生诊断以及病患查询提供方便。

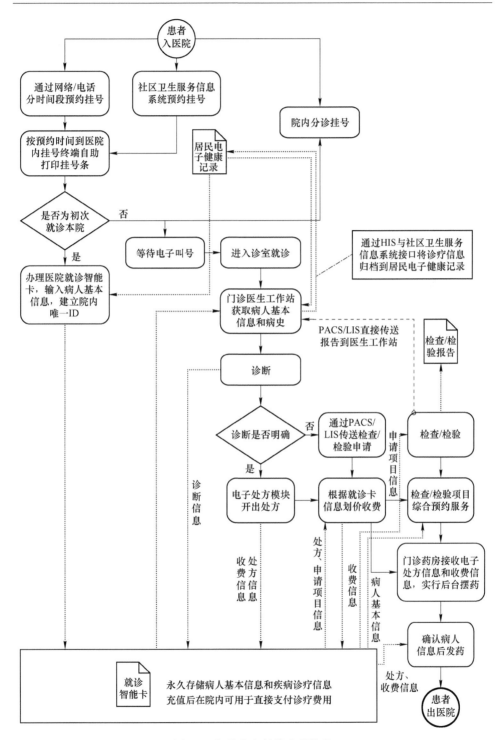

图 4-3　门诊业务整体流程优化

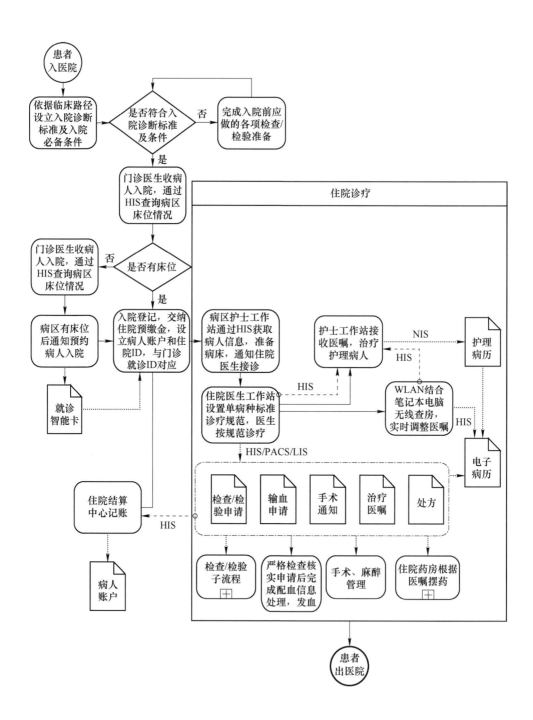

图 4-4 住院流程优化

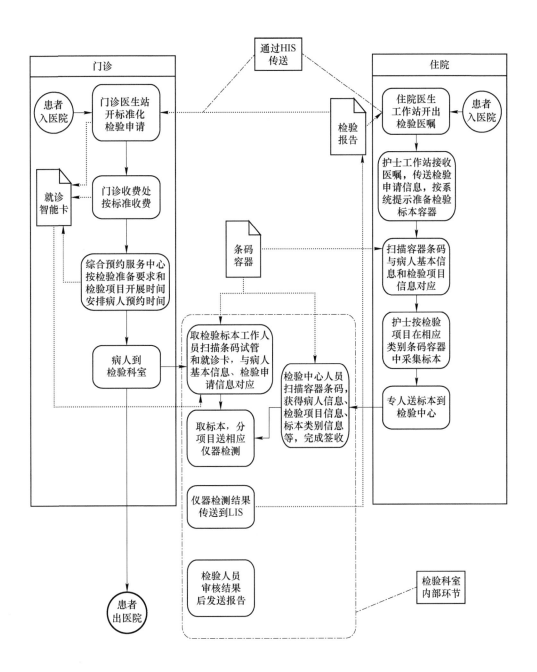

图 4-5　检验业务流程优化

　　二是要建立、完善检查检验综合预约中心，加快检查效率、缩短人为时间浪费。

　　国内患者去医院就诊时往往面临就诊人数太多、就诊过程烦琐等普遍问题，就诊体验差，不利于维护良好的医患关系。因此，医院在发展过程中必须对就诊流程进行优化，将重复的环节和不必要的环节去除，对现有的流程进行调整，使其更符合患者就诊的需要以及医务人员开展工作的需要。通过 HIS 的推广能够减少患者由排队、填表、反复往返与窗口和诊室产生的时间成本；同时，也维护了就诊秩序的有序性，提高就诊流程的高效性，降低诊断失误。

5 远程医疗系统

5.1 远程医疗系统的定义及发展现状

5.1.1 远程医疗系统的定义

远程医疗（telemedicine），从广义上讲：使用远程通信技术、全息影像技术、新电子技术和计算机多媒体技术发挥大型医学中心医疗技术和设备优势对医疗卫生条件较差的及特殊环境提供远距离医学信息和服务。它包括远程诊断、远程会诊及护理、远程教育、远程医疗信息服务等所有医学活动。从狭义上讲：包括远程影像学、远程诊断及会诊、远程护理等医疗活动。国外这一领域的发展已有近40年的历史，在我国起步较晚。

远程医疗包括远程医疗会诊、远程医学教育、建立多媒体医疗保健咨询系统等。远程医疗会诊在医学专家和病人之间建立起全新的联系，使病人在原地、原医院即可接受远地专家的会诊并在其指导下进行治疗和护理，可以节约医生和病人大量的时间和金钱。远程医疗运用计算机、通信、医疗技术与设备，通过数据、文字、语音和图像资料的远距离传送，实现专家与病人、专家与医务人员之间异地"面对面"的会诊。远程医疗不仅仅是医疗或临床问题，还包括通信网络、数据库等各方面问题，并且需要把它们集成到网络系统中。

美国联航正投入试验运行的远程医疗系统提供了全方位的生命信号检测，包括心脏、血压、呼吸等。在飞行过程中，可通过移动通信系统及时得到全球各地的医疗支持。由马里兰大学开发的战地远程医疗系统，由战地医生、通信设备车、卫星通信网、野战医院和医疗中心组成。每个士兵都佩戴一只医疗手镯，它能测试出士兵的血压和心率等参数。另外还装有一只 GPS 定位仪，当士兵受了伤，可以帮助医生很快找到他，并通过远程医疗系统得到诊断和治疗。

在我国一些有条件的医院和医科院校也已经开展了这方面工作，如上海医科大学金山医院在网上公布了远程医疗会诊专家名单。西安医科大学在美国"亚洲之桥"资助下成立了"远程医疗中心"，并成功地为美国前国务卿奥尔布赖特进行了中美远程医疗会诊演示。最近，在贵阳市成立了西南第一家远程医疗中心——"中国金卫贵阳远程医疗会诊中心"。

远程医疗系统的建立在一定程度上缓解了我国专家资源、中国人口分布极不平衡的现状。我国人口的 80%分布在县以下医疗卫生资源欠发达地区，而我国医疗卫生资源 80%分布在大、中城市，医疗水平发展不平衡，三级医院和高、精、尖的医疗设备也以分布在大城市为多。即使在大城市，病人也希望能到三级医院接受专家的治疗，造成基层医院病人纷纷流入市级医院，加重了市级医院的负担，造成床位紧张，而基层床位闲置，最终导致医疗资源分布不均和浪费。利用远程会诊系统可以让欠发达地区的患者也能够接受大医院专家的治疗。

　　另外，中国幅员辽阔，人口众多，边远地区的病人，由于当地的医疗条件比较落后，危重、疑难病人往往要被送到上级医院进行专家会诊。这样，到外地就诊的交通费、家属陪同费用、住院医疗费等给病人增加了经济上的负担。同时，路途的颠簸也给病人的身体造成了更多的不适，而许多没有条件到大医院就诊的病人则耽误了诊疗，给病人和家属造成了身心上的痛苦。据调查，偏远地区患者转到上一级医院的比例相当高；平均花费非常昂贵，除去治疗费用外的其他花费（诊断费用、各种检查费用、路费、陪护费、住宿费、餐费等）需要数千元以上，让病人几乎无力承担。而远程会诊系统可以让病人在本地就能得到相应的治疗，大大缓解了偏远地区的患者转诊比例高、费用昂贵的问题。

5.1.2　远程医疗系统发展现状

　　20 世纪 50 年代末，美国学者 Wittson 首先将双向电视系统用于医疗；同年，Jutra 等人创立了远程放射医学。此后，美国不断有人利用通信和电子技术进行医学活动，并出现了"telemedicine"一词，现在国内专家统一将其译为"远程医疗（或远程医学）"。到目前为止，远程医疗也经历了三代发展时期。

　　第一代远程医疗：20 世纪 60 年代初到 80 年代中期的远程医疗活动为第一代远程医疗。这一阶段的远程医疗发展较慢。从客观上分析，当时的信息技术还不够发达，信息高速公路正处于新生阶段，信息传送量极为有限，远程医疗受到通信条件的制约。

　　第二代远程医疗：自 20 世纪 80 年代以后，随着现代通信技术水平的不断提高，一大批有价值的项目相继启动，其声势和影响远远超过了第一代技术，可以被视为第二代远程医疗。从 Medline 所收录的文献数量看，在 1988~1997 年的 10 年间，远程医疗方面的文献数量呈几何级数增长。在远程医疗系统的实施过程中，美国和西欧国家发展速度最快，联系方式多是通过卫星和综合业务数据网（ISDN），在远程咨询、远程会诊、医学图像的远距离传输、远程会议和军事医学方面取得了较大进展。

　　1988 年，美国提出远程医疗系统应作为一个开放的分布式系统的概念，即从广义上讲，远程医疗应包括现代信息技术，特别是双向视听通信技术、计算机及遥感技术，向远方病人传送医学服务或医生之间的信息交流。同时美国学者还对远程医疗系统的概念做了如下定义：远程医疗系统是指一个整体，它通过通信和计算机技术给特定人群提供医疗服务。这一系统包括远程诊断、信息服务、远程教育等多种功能，它是以计算机和网络通信为基础，针对医学资料的多媒体技术，进行远距离视频、音频信息传输、存储、查询及显示。乔治亚州教育医学系统（CSAMS）是目前世界上规模最大、覆盖面最广的远程教育和远程医疗网络，可进行有线、无线和卫星通信活动，远程医疗网是其中的一部分。

欧洲及欧盟组织了 3 个生物医学工程实验室、10 个大公司、20 个病理学实验室和 120 个终端用户参加的大规模远程医疗系统推广实验，推动了远程医疗的普及。澳大利亚、南非、日本、中国香港等国家和地区也相继开展了各种形式的远程医疗活动。1988 年 12 月，亚美尼亚共和国发生强烈地震，在美国和苏联太空生理联合工作组的支持下，美国国家宇航局首次进行了国际间远程医疗，使亚美尼亚的一家医院与美国四家医院联通会诊。这表明远程医疗能够跨越国际间政治、文化、社会以及经济的界限。

美国的远程医疗虽然起步早，但其司法制度曾一度阻碍了远程医疗的全面开展。所谓远程仅限于某一州内，因为美国要求行医需取得所在州的行医执照，跨州行医涉及法律问题。据统计，1993 年，美国和加拿大约有 2250 例病人通过远程医疗系统就诊，其中 1000 人是由得克萨斯州的定点医生进行的仅 3~5min 的肾透析会诊，其余病种的平均会诊时间约 35min。

第三代远程医疗：2010 年开始，远程医疗逐步呈现走进社区、走向家庭，更多地面向个人，提供定向、个性的服务发展特点。根据奇笛网的智能家居行业报告远程医疗与智能手机的发展紧密同步，物联网技术的发展与智能手机的普及，远程医疗也开始与云计算、云服务结合起来，众多的智能健康医疗产品逐渐面世，远程血压仪、远程心电仪，甚至远程胎心仪的出现，给广大的普通用户提供了更方便、更贴心的日常医疗预防、医疗监控服务。远程医疗也从疾病救治发展到疾病预防的阶段。

我国是一个幅员辽阔的国家，医疗水平有明显的区域性差别，特别是广大农村和边远地区，因此远程医疗在我国更有发展的必要。我国从 20 世纪 80 年代才开始远程医疗的探索。1988 年，解放军总医院通过卫星与德国一家医院进行了神经外科远程病例讨论。1995 年，上海教育科研网、上海医大远程会诊项目启动，并成立了远程医疗会诊研究室。目前，经过验收合格并正式投入运营的包括北京协和医院、中国医学科学院阜外医院等全国二十多个省市的数十家医院网站，已经为数百例各地疑难急重症患者进行了远程、异地、实时、动态电视直播会诊，成功地进行了大型国际会议全程转播，并组织国内外专题讲座、学术交流和手术观摩数十次，极大地促进了我国远程医疗事业的发展。

5.2 远程医疗系统构建案例

目前，远程医疗技术已经从最初的电视监护、电话远程诊断发展到利用高速网络进行数字、图像、语音的综合传输，并且实现了实时的语音和高清晰图像的交流，为现代医学的应用提供了更广阔的发展空间。国外在这一领域的发展已有40多年的历史，而我国只在最近几年才得到重视和发展。

下面介绍远程诊疗系统一个比较完整的案例构建。

5.2.1 远程诊疗系统架构

"远程诊疗服务中心"是一个封闭性专业服务平台，该平台包括三部分，分别是：

（1）数据服务中心；

（2）综合实力强、医疗技术水平高的大型中心医院；

（3）综合实力较弱、医疗水平偏低的中小型卫星医院。

远程诊疗服务中心的系统拓扑结构示意图如图 5-1 所示。

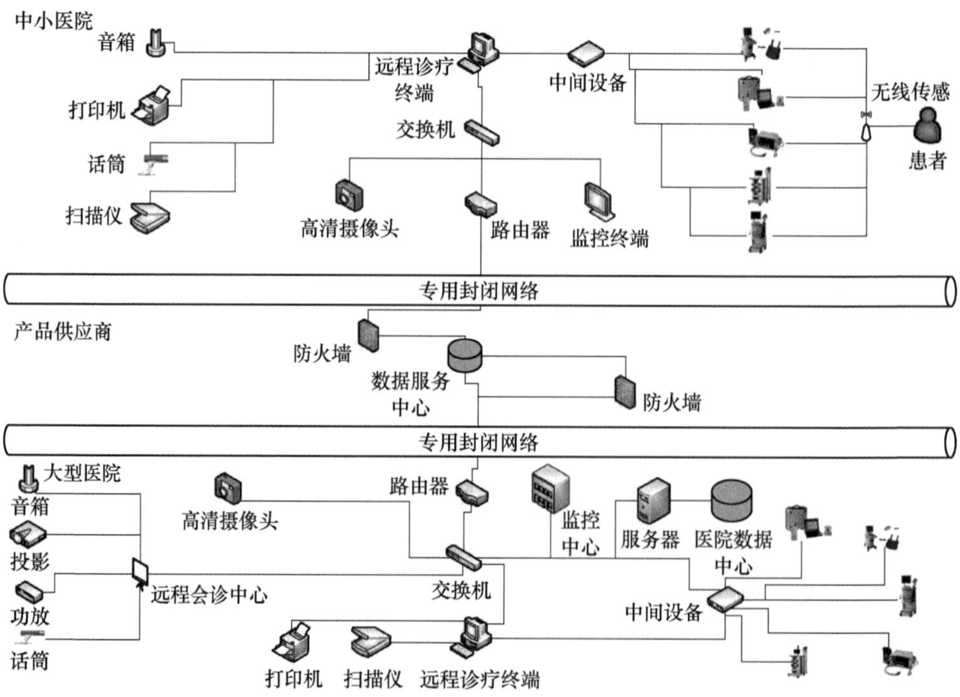

图 5-1 远程诊疗系统拓扑结构图

其中，中小医院在整个远程医疗系统中承担疾病检测的功能。中小医院的医生利用网络版设备对患者进行初步诊断获得诊断结果，形成电子病历和诊断数据，随后将电子病历和诊断数据一起发送到大型医院或数据服务处理中心，由专业医生进行诊断后获得诊断报告和治疗建议书，中小医院再根据最终诊断报告和治疗建议书对患者进行合理的治疗。根据中小医院在整个远程医疗系统中所承担的功能，设计系统结构如图5-1所示，系统由各种网络版检测系统、远程医疗终端及打印机扫描仪等周边设备组成。

大型医院拥有全套专业型的检查系统，既可以进行检查，又可以根据资料对疾病做出诊断。大型医院除了为本医院患者进行检查与诊断外，在整个远程医疗系统中主要承担其所辖中小医院患者的疾病诊断功能。大型医院在接收到其所属中小医院的远程医疗请求后，从金山数据中心的FTP服务器上下载患者的电子病历和检查数据，大型医院专业医生在系统工作站上对数据进行回放分析，并结合社区医院的电子病历对患者的病情做出诊断，将诊断报告和治疗建议书回传到中小医院。

5.2.2 远程诊疗系统运营模式

远程诊疗系统运营模式如图5-2所示。

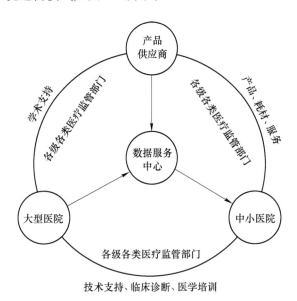

图5-2 远程诊疗系统运营模式

数据中心和中小医院之间：医疗设备产销商采取低价销售、租赁、投放等方式将设备投放到中小医院，减少中间环节降低产品价格，让中小医院获得设备使用权；通过该远程医疗系统，产销商对中小医院进行培训和售后服务，降低设备运营费用；对于耗材和医疗服务的需求，也可通过该网络直接进行，耗材和医疗服务费用得到控制。在整个过程中，医疗设备产销商将通过销售设备、销售耗材和提供服务等多种方式获得盈利。

中小医院和大型医院之间：大型医院通过向中小医院提供远程协助、病情诊断、专家会诊等技术支持向中小医院收取一定的服务费用，解决了中小医院在使用中高端医疗器械过程中遇到的技术问题。

数据中心和大型医院之间：大型医院向数据中心提供病历数据、临床应用等学术支持，并与金山科技和其他医疗器械产销商共同建设数据中心，收取一定的费用。

5.2.3　个人健康/医疗档案管理中心建设方案

个人健康/医疗档案管理中心建设的目的是通过可应用于智能手机、电脑、平板等通信工具的个人信息收集系统（可以以健康趣味游戏形式呈现）收集个人健康/医疗信息，从而吸引健康或患病人群参与到“电子内镜西南区域创新型示范应用平台”，从而为医疗机构、医药品供应商提供客户来源，为平台的运营提供人气。对于个人则可达到方便地、长期地管理个人健康的目的。

在医疗健康领域采用云计算和服务理念来构建新型的医疗和健康管理服务系统是最近几年发展起来的新技术。它可以有效地提高医疗和健康管理服务的质量、控制成本和提供便捷访问的医疗和健康管理服务。云计算在医疗行业中不仅降低了 IT 的运营成本，更重要的是通过新的服务模式创造价值，提升了业务的灵活性、敏捷性和服务的个性化，推动了医疗和健康服务新模式的建立和转型。

电子健康档案是进行健康信息的搜集、存储、查询和传递的最好助手，融合当今最新 IT 软硬件技术于一身。电子健康档案可以为个人建立始自出生、终其一生的健康档案，从而为健康保健、疾病治疗和急救提供及时、准确的信息，使人们的医疗保健有了科学、准确、完整的信息基础，为人们的医疗保健提供了新工具、新方法和新思路。

个人数据管理系统是个人健康/医疗档案管理中心的核心和后台程序，是实现个人电子档案高效存储、查询和传递的关键。该项目利用越来越多、越来越成熟的第三方云应用来快速建立云服务的能力，这些应用可根据数据安全、隐私保护、业务合规性的要求分别部署在不同的云基础设施环境中，并逐步建立统一的云服务管理平台，以及面向新应用的业务流程设计、开发、测试、部署和运维的一体化 IT 服务能力，其最显著的作用是让海量病例数据的存储、管理、访问成为可能，且灵活迅速。

社会化媒体和社交网络技术与应用将在这场健康服务的变革中起主导作用。目前在远程医疗里，更多的医疗服务机构在防火墙内部采用企业社交网络技术来重新配置组织业务流程和个人协作空间，并通过互联网和移动互联网应用链接患者和医生，社交网络技术在远程医疗中的应用有可能将传统的医疗服务交付模式去中心化和网络化，创造一个全新的健康医疗服务协作平台。同时，社会化媒体作为一种新的医疗服务交付机制，其所带来的个人隐私和数据安全问题也需要从技术和机制方面进行监控。其中，社区主要分为医疗服务人员之间的社区，病患之间的社区与医疗机构内部的社区，以及健康管理师和健康机构与用户之间的社区。

5.2.4 医疗服务/健康产品电子商务中心建设方案

医疗服务/健康产品电子商务中心聚焦医疗服务和健康产品两类商品，服务于健康、患病以及疑似患病、亚健康等多类人群。其中，医疗服务是指的健康体检（如消化道内镜检查）、中医诊断、美容美体等；健康产品是指的家用医疗器械、营养保健品、智能穿戴设备等。与本案例相关的内容主要是医疗服务，其中消化道内镜检查是其中关系最为密切的商品。

建设电子商务中心对于国产电子内镜的主要作用是普及民众对消化道检查的认知度，从而提升对相关产品的了解，进而提升医疗机构电子内镜的用量，是产品示范推广非常重要的一个环节。

（1）商品管理系统建立。商品管理系统包括品类管理系统、商品管理系统以及商品上下架管理系统：

1）品类管理系统。品类的定义是指品类的结构，包括次品类、大分类、中分类、小分类等。领导性的供应商都可以提供相关品类甚至非相关品类的品类定义。

2）商品管理系统。是对以商品为核心主轴的管理系统，包括商品市场分析、价格、品牌、渠道、促销、进销存、结算等模块进行有效管理的工具。

3）商品上下架管理系统。商品通过商家和下架发布到健康医疗平台的O2O和B2C商城相应的频道进行销售或者进行销售组合，促成交易。

（2）广告投放管理系统。远程医疗系统需要利用互联网广告技术流，打造DSP（需求方）、SSP（供应方平台）、DMP（数据管理平台）三大平台为核心的互联网广告营销生态系统——RTB生态链。该系统以AdPlace为中枢，打通DSP、SSP、DMP三大平台，推动了网络广告RTB模式自由交易的新发展。其中，DSP需求方平台（SameDSP），以DMP平台——SameData领先的数据挖掘技术为底层支撑，为广告主、代理公司打造的一个以"实时竞价"方式购买目标受众群体的综合性管理平台；SSP 供应方平台，以 Dolphin 广告发布协作平台为核心，为广告的供应方——媒体端提供智能化精细化广告发布管理、监测系统，目前海外 Dolphin 已经累计服务 120 家主流商业网站；DMP 数据管理平台——SameData 网民数据智能引擎，作为 DSP 和 SSP 平台之间进行广告交易的数据管理中心，通过机器人学习分析模型，将中国海量的受众信息数据整合清洗为可被广泛应用的集成数据库，从而指导整个传漾网络营销平台的商业智能引擎。传漾 SameData 打开了精准定向技术的"黑匣子"，将高阶精准定向技术界面化，客户可以通过开放性的界面一览无余的自助体验。

（3）O2O 商城与 B2C 商城系统。本系统在开发过程中完全按照大型网站进行架构，可支持上亿级数据，如负载均衡，高效缓存服务器，Memcache 及 Web 群组，数据库集群，单站搜索引擎服务等。平台特色包括（手机端，城市分站，与淘宝数据打通，第三方登录，SNS 买家中心；微信客户端；自定义运费模板；自定义商品规格；SEO 增强；买卖互评，商家动态评分；企业认证等）国内唯一支持完整担保购物流程的商城系统（下订单→付款至网站→通知发货→确认收货→钱到账），网站方可以控制整个平台资金流，拥有同支付宝、财富通一样的支付中心。

（4）交易中心建立。交易中心包括：订单中心、支付中心、物流中心三个模块。其中，订单中心：处于康猫医疗协作平台的所有订单，包括产品订单、服务订单、保险订单、保险理赔订单、基金订单、基金支出订单消费基金生成订单；支付中心：是远程健康医疗协作平台的业务支撑平台，是处理医疗协作平台用户、服务提供商、产品提供商之间的充值、交易、结算支付等功能，处理与现行金融机构和新兴金融机构的金融协作，为用户和参与者提供增值服务。而远程医疗协作平台物流中心是康猫健康医疗协作平台的物流业务支撑中心，为服务提供商、产品提供商，特别是产品提供商提供物流支持与物流跟踪。

5.3　远程医疗监护系统的采集及传输体系设计案例

据统计，中国慢性病患者人数已占全国总人口的 18.6%，超过 2.6 亿人在经受慢性疾病的折磨，另外，总死亡人数的 85%是由慢性疾病导致的。慢性疾病患者人数的不断上升，不仅给患者家庭造成了一定的经济负担，而且还引发了严峻的社会问题。面对这些问题，中国的社会保障体系以及医疗服务体系正面临着极大的考验。

慢性疾病最突出的特点就是需要长期追踪监测与治疗，但大多数患者难以长期留院接受治疗，常会延误病情，错过最佳治疗时间。因此，如何在患者身体不适的情况下及时检测到生理指标异常、对患者进行持续生理指标的追踪监测以及对患者病情进行诊断治疗？现代远程医疗监护系统的建立能够解决这一问题。

目前，国内外远程医疗监护系统大致有以下八种：

（1）Holter 系统。由美国博士发明的 Holter 是一种动态心电的记录设备，可以记录和分析患者的心电图（ECG）活动信号。Holter 系统包括移动式记录盒和回放分析部分，移动式记录盒可以固定在患者身上，可持续记录下 24h 的 ECG 数据，之后拿回医院后由专业设备进行数据分析和诊断。

Holter 系统可以持续采集和长期存储 ECG 数据。例如 Philips 荷兰公司研发的 Holter，回放分析系统根据自动识别的心电图波群形态和心率来判别心律失常现象。2002 年第三军医大学结合便携式电脑开发出远程传输血压 Holter。2005 年清华大学开发出手持式电脑的心电血压监护计。

然而，这种监测到的数据必须通过专用设备读取、播放和分析 Holter 用户终端记录的心电图。在使用该系统后，用户不得不将 ECG 数据送回医院，以便为医生提供诊断参考。这给用户和医生造成了很多麻烦，无法实时监测和诊断使用者的心脏活动。一般来说，这些设备无法实现 24h 的人体生理监测，并对人们的正常生活有一定的影响，携带不太方便。

（2）TTM 系统。电话传输心电图监测（TTM）系统的监护终端包含一个 ECG 监测记录模块和一个通信模块。监护记录模块能够监测 ECG，然后利用通信模块把采集 ECG 通过电话传输方式发送到监护中心，医院监护中心对心电图数据进行接收、分析和存储等操作。基本声耦合方式被用作传输途径，按照语音频带将心电图进行调频，然后通过麦克风发送，数据在监护中心经过逆变换后得到 ECG 参数。例如，典型的以色列公司 CardGuard 的无线心电监护仪，利用蓝牙技术与计算机传输的手持式心电监护仪，由计算机将 ECG 数据发送给医院监护中心。患者的病情被存储到监护中心以便医生进行治疗，同时医生还可与患者进行通信，实现双向诊治。

尽管 TTM 心电监护系统在实时监测技术上实现了突破进展，但是还存在着一些不足，例如体积大、功耗高、不方便携带、系统构成复杂、界面不规范，接口非标准化和系统通用性差。大型医院是此类产品的主要消费者，国内公司目前还无法自主研发生产，核心技术依旧被国外公司掌握。因为其成本价格太高，主要还是用于医院就诊分析和患者监护。所以目前市场上适用于家庭远程传输功能的 ECG 监护设备还非常少。

（3）基于无线心电遥测监护系统。无线心电遥测监护系统采用无线电方式将检测到的心电信号发送到心电接收端的计算机上，通过计算机对 ECG 信号进行简单的分析处理，再依据处理后的严重程度决定是否将患者心电数据上传至医

院。2005 年 6 月，成立了山东大学齐鲁医院心脏远程监护中心，监测中心是 24h
全天候运行的，当患者端处于运行情况下，ECG 的不正常改变会自动地发送至医
院监护中心，然后监护中心对采集数据进行分析处理。

尽管患者配有无线心电遥测监护可以在有限距离内走动，但在一定场合无线
电遥测无法正常工作，这是因为受到外界环境的干扰，例如通信、电视及其他电
子设备，抗干扰能力弱，因此地理环境的局限性不得不考虑。

（4）基于卫星通信的远程医疗监护系统。卫星通信系统作为一种在技术方
面具有极大优势的远程医疗监护系统，具有覆盖范围大、带宽高、传输时延短、
传输速率可随时调整以及不易损坏的特点。然而，因为造价成本太高，且结构复
杂并不能大面积地推广使用，只是仅仅投入到一定的特殊场合和需求，例如作为
军队使用的一种方法。目前，仅有美国阿拉斯加地区在远程医疗监护系统应用了
卫星通信技术。

（5）基于蓝牙技术的远程医疗监护系统。蓝牙技术目前已经大范围应用到
医疗器械领域，在于其跳频快、低功耗、抗干扰能力强和辐射小的特点。尽管蓝
牙技术在传输速度方面具有突出优势，但是供电时间很短，在 10m 以上范围功耗
为 50~100mW 之间，要求专业人员对其进行人工设置，从而在医疗监护设备的
便携性和操作性上方面具有一定局限性。

（6）基于 ZigBee 技术的远程医疗监护系统。ZigBee 作为一种新型方便、安
全可靠的短距离无线网络技术，具有复杂度低、功耗低和成本低等优点，被广泛
用于无线网络的全球标准。然而，ZigBee 数据传输速率不太理想，不同数据吞吐
率是在根据不一样的频段，最高频段的为 2.4GMHz（250kbps），这个传输速率
低于 4G 的传输速率。目前，ZigBee 传输距离只有数十米，无法实现随时随地的
传输和监测，并且操作性差和延时长也进一步限制了其发展推广，无法作为一种
适用于大众的产品。

（7）基于 Wi-Fi 技术的远程监护系统。Wi-Fi 作为一种短距离无线网络技术，
手机和计算机等设备可以互相连接。用户可通过无线连接登入互联网，包括家
庭、工作和休闲场所，并提供高质量的网络服务。在 2.4GHz 频段的数据最高传
输速率为 11Mbps，能够在周围数十米内覆盖，很有发展潜力。但是，在将其他
传输技术与 Wi-Fi 进行比较之后，Wi-Fi 功耗比较大，达到 100mW，传输距离短，
室内 50m 需要接入点（AP），成本高，低安全性。

（8）基于 GPRS 技术的远程监护系统。GPRS（general packet radio service）
作为一种通用分组无线服务方式，是 GSM 系统进一步发展的无线传输系统成果。
GPRS 远程监护系统虽然相比于上述几种系统存在的问题进行了优化和改善，例
如患者可以自由移动、能够实时监护、抗干扰能力强、传输信号有效性和可靠性

增强，但是这一技术作为早期的传输技术，目前已经不能适应当下医疗监护系统更高要求的高传输速度，低功耗和随时随地都可传输的技术要求。

几种远程医疗监护系统的优缺点对比见表 5-1。

表 5-1 几种远程医疗监护系统的优缺点对比

序号	系统名称	优 点	缺 点
1	Holter 系统	连续记录 长时间保存心电数据	心电图信息需要人工拿回医院 不能实时监控和及时诊断
2	TTM 系统	心电信号的实时监测	结构复杂、功耗高、体积大， 不能实现便携式
3	无线遥测	监测范围有限	抗干扰能力较差， 特殊场合不能使用
4	卫星通信	覆盖面广 带宽高 延迟短	运行成本过高 技术由国外掌握
5	蓝牙技术	传输速度快 抗干扰能力强辐射小	续航时间较短 功耗为 2.5~100mW 传输距离短
6	ZigBee 技术	低复杂度 低功耗 低成本	传输距离短 互操作性差 数据延迟时间长
7	WIFI 技术	传输速度快	功耗高 传输距离短，为室内 50m 不能实时传输、安全性不高
8	GPRS 技术	传输速度快 抗干扰能力强	2.5 代移动通信系统， 不是最新的技术

通过以上对国内外远程医疗监护系统的回顾和与表 5-1 的对比显示，目前常用的 8 种远程医疗监护系统，还存在着功耗高、不方便携带，地理位置受限等不足，无法满足目前可移动式便携式功耗低的需求。相比于 GPRS 可支持的峰值传输速率为 53.6kbps，4G 移动网络传输速率为 20Mbps，最佳性能下为 100Mbps，是 GPRS 传输速率的数百倍，此外，智能性高和兼容性好也是 4G 通信的优势所在。因此本案例力于采用最新 4G 传输技术和软硬件方面的低功耗设计，来弥补上述远程医疗监护系统的不足。

针对以上问题，设计了一种低功耗、便携式，待机时间长的生理信息采集终端设备，并采用4G传输技术作为连接远程监护中心的通信方案，不受任何地理位置限制的将患者信息发送到远程医疗监护中心。

远程医疗监护系统的采集及传输系统主要包括：采集模块、处理模块和传输模块三大部分，该方案的系统构架如图5-3所示。

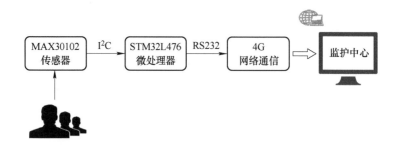

图 5-3　远程医疗监护系统构架

通过建立串口通信协议，处理模块发送指令，利用采集模块将患者生理信息进行采集，然后把生理数据传回处理模块进行分析处理和存储。通过建立传输通信协议，处理模块发送指令，利用传输模块，将生理数据发送到监护中心。远程医疗监护系统的采集及传输系统的设计流程为：患者生理参数的采集模块、数据处理模块，数据传输模块，系统设计流程如图5-4所示。

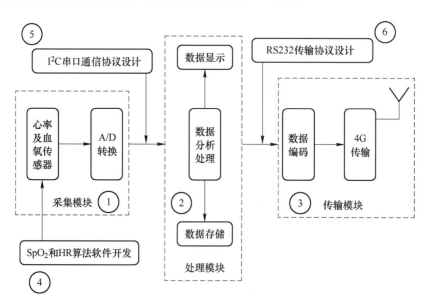

图 5-4　远程医疗监护系统设计流程

为满足该系统低功耗、便携式，传输速度快的特点，选择 MAX30102 和 STM32L476VCT6 作为设计监护终端硬件的核心组成，MAX30102 为一款市面上比较成熟的血氧和心率传感器，STM32L476VCT6 为 STM32L4series 下新款处理器。

基于以上系统构架与设计流程，该设计的工作步骤为：首先将心率及血氧传感器 MAX30102 通过光容积法对生理信号进行采集，采集到生理数据之后，把生理数据经过 A/D 转换进行分析处理。这一步骤中需要进行本地数据存储和数据显示。然后对相应的数据进行格式转换和数据编码，建立 RS232 传输通信协议，通过 STM32L476 处理模块发送指令，利用 4G 传输模块，将生理数据发送到监护中心。

患者便携式的移动监护终端，其主要功能是通过采集与传输将患者的生理信息发送到监护中心，以达到对患有慢性病的病人保持长期的监护的目的。本案例设计的监护终端通过采用低功耗设计，优化电路设计复杂度，高度集成化的芯片降低了外围电路的额外功耗，使得设计功耗最终采集功耗为 36.56mW，低于设计目标 50mW，总质量约为 270g，低于设计目标 300g，满足便携式移动式的超长待机要求。与监护终端硬件设计相匹配的是软件设计，主要是 I2C 串口通信协议和 RS232 传输通信协议的编写。当 STM32L476 发送指令到 MAX30102，以 100Hz 的采样频率来采集数据，远高于设计指标 10Hz，并每次将 100 组数据打包发送给上位机，从而在软件上实现低功耗的要求，并且传输延迟时间为 0.04ms 远远低于要求的 200ms，该设计的采集及传输系统效果如图 5-5 所示。

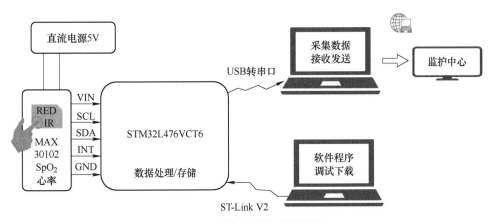

图 5-5　采集及传输系统效果

参 考 文 献

［1］庄天戈．计算机在生物医学中的应用［M］．2 版．北京：科学出版社，2000.

［2］史丹利．数值方法在生物医学工程中的应用［M］．北京：机械工业出版社，2009.

［3］康晓东．医学影像图像处理［M］．北京：人民卫生出版社，2009.

［4］高文．计算医学工程与医学信息系统［M］．北京：清华大学出版社，2003.

［5］劳拉 B. 麦德森．大数据医疗　医院与健康产业的颠覆性变革［M］．康宁，宫鑫，刘婷婷，译．北京：人民邮电出版社，2018.

［6］孔静霞．医疗体制改革与健康保险产业链的构建［M］．杭州：浙江工商大学出版社，2014.

［7］吴兴海，杨家诚，张林，等．互联网+大健康　重构医疗健康全产业链［M］．北京：人民邮电出版社，2017.

［8］许利群．移动健康和智慧医疗：互联网+下的健康医疗产业革命［M］．北京：人民邮电出版社，2016.

［9］Milan Sonka，Vaclav Hlavac，Roger Boyle．图像处理分析与机器视觉［M］．4 版．兴军亮，艾海舟，等译．北京：清华大学出版社，2016.

［10］李海燕．生物医学图像处理及特征提取［M］．北京：科学出版社，2016.

［11］章新友．医学图形图像处理［M］．北京：中国中医药出版社，2018.

［12］陈秀秀．数字化医院信息架构设计与应用［M］．北京：电子工业出版社，2018.

［13］郭源生．智慧医疗在养老产业中的创新应用［M］．北京：电子工业出版社，2016.

［14］埃里克·托普．未来医疗［M］．郑杰，译．杭州：浙江人民出版社，2016.

［15］翟运开，赵杰，蔡雁岭．"互联网+"时代的远程医疗服务运营关键问题研究［M］．北京：科学出版社，2016.